A formação de professores que ensinam matemática e o desenvolvimento de aplicativos sob uma perspectiva inclusiva

Conselho Editorial da LF Editorial

Amílcar Pinto Martins - Universidade Aberta de Portugal

Arthur Belford Powell - Rutgers University, Newark, USA

Carlos Aldemir Farias da Silva - Universidade Federal do Pará

Emmánuel Lizcano Fernandes - UNED, Madri

Iran Abreu Mendes - Universidade Federal do Pará

José D'Assunção Barros - Universidade Federal Rural do Rio de Janeiro

Luis Radford - Universidade Laurentienne, Canadá

Manoel de Campos Almeida - Pontifícia Universidade Católica do Paraná

Maria Aparecida Viggiani Bicudo - Universidade Estadual Paulista - UNESP/Rio Claro

Maria da Conceição Xavier de Almeida - Universidade Federal do Rio Grande do Norte

Maria do Socorro de Sousa - Universidade Federal do Ceará

Maria Luisa Oliveras - Universidade de Granada, Espanha

Maria Marly de Oliveira - Universidade Federal Rural de Pernambuco

Raquel Gonçalves-Maia - Universidade de Lisboa

Teresa Vergani - Universidade Aberta de Portugal

Ana Lúcia Manrique
Elton de Andrade Viana
Cristiane Boneto
Maximiliam Albano Hermelino Ferreira
Ana Maria Antunes de Campos
Sofia Seixas Takinaga
Éverton Odair dos Santos

A formação de professores que ensinam matemática e o desenvolvimento de aplicativos sob uma perspectiva inclusiva

2024

Copyright © 2024 os autores
1ª Edição

Direção editorial: Victor Pereira Marinho e José Roberto Marinho

Capa: Fabrício Ribeiro
Projeto gráfico e diagramação: Fabrício Ribeiro

Edição revisada segundo o Novo Acordo Ortográfico da Língua Portuguesa

Dados Internacionais de Catalogação na publicação (CIP)
(Câmara Brasileira do Livro, SP, Brasil)

A formação de professores que ensinam matemática e o desenvolvimento de aplicativos sob uma perspectiva inclusiva / Ana Lúcia Manrique...[et al.]. – São Paulo: LF Editorial, 2024.

Outros autores: Elton de Andrade Viana, Cristiane Boneto, Maximiliam Albano Hermelino Ferreira, Ana Maria Antunes de Campos, Sofia Seixas Takinaga, Éverton Odair dos Santos.
Bibliografia.
ISBN 978-65-5563-438-9

1. Educação básica 2. Educação inclusiva 3. Matemática - Estudo e ensino 4. Professores de matemática - Formação I. Manrique, Ana Lúcia. II. Viana, Elton de Andrade. III. Boneto, Cristiane. IV. Ferreira, Maximiliam Albano Hermelino. V. Campos, Ana Maria Antunes de. VI. Takinaga, Sofia Seixas. VII. Santos, Éverton Odair dos.

24-198562   CDD-370.71

Índices para catálogo sistemático:
1. Professores de matemática: Formação: Educação 370.71

Eliane de Freitas Leite - Bibliotecária - CRB 8/8415

Todos os direitos reservados. Nenhuma parte desta obra poderá ser reproduzida sejam quais forem os meios empregados sem a permissão da Editora.
Aos infratores aplicam-se as sanções previstas nos artigos 102, 104, 106 e 107 da Lei Nº 9.610, de 19 de fevereiro de 1998

LF Editorial
www.livrariadafisica.com.br
www.lfeditorial.com.br
(11) 2648-6666 | Loja do Instituto de Física da USP
(11) 3936-3413 | Editora

Sumário

Introdução 7

Capítulo 1 – O cenário educacional revelado durante a pandemia 13
1.1. Novas investigações acerca da pandemia: ansiedade matemática de ensino 17
1.2. Os pilares da educação inclusiva: inclusão e equidade 21
1.3. A proposição da formação de professores 25

Capítulo 2 – Discussões teóricas sobre a inclusão, a equidade a o pensamento algébrico 33
2.1. Visitando parte do panorama de estudos sobre inclusão e equidade na Educação Matemática 34
2.2. O desenvolvimento do pensamento algébrico 42

Capítulo 3 – Desenvolvimento da pesquisa: a produção dos aplicativos 51
3.1. O desenvolvimento dos aplicativos 52

Capítulo 4 – Desenvolvimento da pesquisa: a realização de três projetos ... 61
4.1. Primeiro Projeto: Novas perspectivas para atividades envolvendo álgebra: uso de aplicativos na educação matemática inclusiva 61
4.2. Segundo Projeto: Práticas matemáticas inclusivas nos Anos Iniciais: Reflexões geradas na Educação Especial 73
4.3. Terceiro Projeto: Desenvolvimento de ideias matemáticas com uma perspectiva inclusiva por meio de aplicativos 75

Capítulo 5 – As reflexões sobre a formação de professores 81
5.1. Reflexões que surgiram com o desenvolvimento do primeiro projeto .. 81
5.2. Reflexões que surgiram com o desenvolvimento do segundo projeto ... 90
5.3. Reflexões que surgiram com o desenvolvimento do terceiro projeto 94

5.4. Reflexões que surgiram com a experimentação dos aplicativos 98

5.5. Premissas consideradas para conceber as formações 102

Capítulo 6 – Algumas considerações 105

Referências 111

Introdução

> Pesquisas em educação ajudam na formação de quadros profissionais e docentes de alto nível para um desenvolvimento sustentável e justo de regiões onde são desenvolvidas. Elas também são fundamentais para o desenvolvimento do país como um todo, convertem-se em suporte para políticas públicas que podem aprimorar a qualidade de vida das pessoas e indicar caminhos para garantir o direito à educação de crianças e jovens, bem como auxiliam na conscientização e no engajamento das pessoas para enfrentar as grandes crises que afetam o planeta hoje, tais como a climática, a migratória, a bélica, a sanitária e a da brutal desigualdade social. (CENCI, 2023, p. 143)

A formação de professores no Brasil é historicamente imersa em um terreno cheio de desafios que se mostram nos diferentes aspectos do território brasileiro. Poderíamos neste livro discutir quais seriam esses desafios e como eles influenciam nas proposições de formação inicial e continuada de professores no nosso país, no entanto, essa seria uma tarefa que não conseguiríamos cumprir nesta obra, considerando a complexidade social, econômica e política que caracteriza o território brasileiro.

Logo, preferimos fazer um recorte histórico e que está relacionado a uma crise recentemente vivenciada no cenário global, a pandemia da COVID-19. Assim como escreve o Prof. Angelo Cenci, na citação que abre este livro, existem crises enfrentadas em diferentes momentos na sociedade, e diante dessas crises, as pesquisas na educação viabilizam uma formação de professores que coopera para a superação dos mais diversos tipos de crise. É focando na crise oriunda do estado de pandemia declarado pela Organização Mundial da Saúde (OMS) em 2020 e nas nuances que essa provocou na formação de professores, que as próximas páginas pretendem registrar na literatura científica algumas reflexões resultantes desse recorte histórico.

Desde 2005, ano em que foi criado o grupo de pesquisa *ForProfMat – Professor de Matemática: formação, profissão, saberes e trabalho docente*, um dos grupos de pesquisa da Pontifícia Universidade Católica de São Paulo (PUC-SP), vinculado ao Programa de Pós-Graduação em Educação Matemática, o qual é respectivamente certificado pelo Conselho Nacional de Desenvolvimento Científico e Tecnológico (CNPq), temos nos concentrado em estudos e investigações sobre a docência e as questões relativas à constituição da identidade, dos saberes e do trabalho de professores que ensinam matemática. É nesse núcleo de interesse que discussões sobre a formação inicial e continuada de professores que ensinam matemática se tornaram frequentes nos trabalhos desenvolvidos pelos estudantes e pesquisadores desse grupo de pesquisa.

Assim, com a pandemia da COVID-19, o grupo de pesquisa *ForProfMat* foi desafiado com novas questões, novos dilemas, novos problemas e novas práticas que apareciam conforme a crise sanitária aumentava e transformava o cotidiano de diferentes setores da sociedade, sendo um desses setores, o educacional. Pesquisas em desenvolvimento tiveram que ser replanejadas e os objetivos da investigação revisitados, estabelecendo novos rumos nos estudos que estavam sendo desenvolvidos.

Em 2019, nosso grupo de pesquisa estava envolvido em um projeto que culminava com uma formação continuada de professores da região metropolitana de São Paulo por meio de encontros presenciais em 2020, e que tinha como finalidade discutir a forma como a álgebra é abordada na Base Nacional Comum Curricular (BNCC), um importante documento implementado em 2017 no Brasil. No entanto, notamos que esse trabalho não estava se constituindo como mais um dos tantos projetos em que nos envolvíamos! Durante a atividade de formação desse projeto e que foi iniciada em março de 2020, notamos que, na realidade, esse se constituía como sendo o primeiro de um conjunto de projetos que foram executados durante uma pandemia de escala mundial e que foi caracterizada por diferentes órgãos internacionais como uma das mais expressivas crises sanitárias já vividas pela humanidade.

O fazer docente, assim como os estudos e discussões em torno desse saber, ficou imerso durante a pandemia no universo tecnológico, com práticas de uso de recursos digitais sendo ampliadas e aprofundadas e outras práticas, até então desconhecidas por algumas comunidades, sendo introduzidas. É nesse movimento de discussões que se formam sobre a prática, sobre o fazer, sobre a ação pedagógica que, no âmbito das investigações que comumente já estávamos a conduzir no grupo *ForProfMat*, identificamos a possibilidade de desenvolver uma pesquisa que contemplasse uma discussão sobre aplicativos para dispositivos móveis que estávamos a desenvolver e disponibilizar para as escolas desde 2018.

Neste livro, compartilhamos a experiência do nosso grupo de pesquisa desenvolvendo essa macropesquisa, que foi realizada entre 2018 e 2022 com financiamento obtido via três editais distintos de fomento à pesquisa e de incentivo à formação de professores de educação básica, o que fez com que a pesquisa aqui apresentada, fosse composta por três projetos que, apesar de serem diferentes, se complementaram para alcançar nosso objetivo geral que era: refletir sobre a formação de professores que aborda o desenvolvimento do pensamento algébrico no campo da educação inclusiva, utilizando atividades propostas em aplicativos para celular.

Durante o desenvolvimento dessa macropesquisa, os membros do grupo *ForProfMat* atuaram tanto na proposição e mediação das atividades de formação continuada de professores que eram efetivadas, como na análise dos dados que eram produzidos nessas atividades de formação e que convidavam os pesquisadores a olhar para diferentes questões de pesquisa que emergiam em meio a pandemia. Os resultados dos estudos que surgiram a partir dessas questões foram publicados em periódicos e anais de eventos científicos da Educação Matemática (MANRIQUE *et al.*, 2022a; 2022b; MANRIQUE; VIANA, 2021; 2022; VIANA; MANRIQUE; BONETO, 2021).

Neste livro, não nos ocupamos com as questões já discutidas nesses artigos já publicados, mas sim com a apresentação de uma síntese de como foi o processo de desenvolvimento dessa macropesquisa e das reflexões sobre a formação de professor que surgiram a partir dos dados que eram produzidos. Nosso esforço é compartilhar a experiência do grupo ao se envolver com essa macropesquisa e contribuir para as discussões sobre formação de professores que ensinam matemática no nosso país, não deixando de considerar o movimento de revisão das práticas docentes impulsionado pela pandemia da COVID-19.

Esse esforço bibliográfico se inicia descrevendo o contexto da pesquisa, de maneira a esclarecer o que entendemos como inclusão e equidade na Educação Matemática. Esse é o primeiro capítulo do livro, que busca fazer tal esclarecimento considerando o cenário educacional de Ensino Remoto Emergencial que se estabeleceu a partir da pandemia da COVID-19.

No segundo capítulo do livro, discutimos sobre os dois pilares de natureza teórica que sustentaram as atividades de formação de professores que conduzimos durante a pesquisa: (1) os estudos sobre inclusão e equidade na Educação Matemática e (2) o desenvolvimento do pensamento algébrico. Nesse capítulo, compartilhamos um pouco dos estudos que temos realizado internamente no grupo de pesquisa, e que permitem entender, mesmo que minimamente, o panorama de estudos na Educação Matemática que se ancoram na educação inclusiva.

A macropesquisa que aqui discutimos teve três objetivos específicos no seu desenvolvimento: (1) desenvolver um conjunto de atividades envolvendo conteúdos algébricos, que possa ser disponibilizado como aplicativos para celular; (2) oferecer formações aos professores que ensinam matemática a fim de apresentar os aplicativos desenvolvidos pelo grupo; (3) analisar a interação do professor com as atividades disponibilizadas nos aplicativos. O alcance desses três objetivos específicos é apresentado nos capítulos seguintes deste livro.

No capítulo 3, fazemos uma exposição de como desenvolvemos os aplicativos para celular, alcançando nesse processo o nosso primeiro objetivo específico. Já no capítulo 4, descrevemos como se desenvolveram os três projetos que se complementaram para a realização da nossa pesquisa. Nesse capítulo, é possível observar como o segundo objetivo específico foi alcançando através do oferecimento de três atividades de formação continuada, sendo a primeira envolvendo professores da região metropolitana de São Paulo, e as outras duas professores de todas as cinco regiões do Brasil, ampliando assim o universo de professores participantes no nosso estudo.

O livro segue a apresentação do alcance do nosso terceiro objetivo específico, compartilhando no capítulo 5 algumas reflexões que surgiram analisando a interação dos professores participantes das atividades de formação com as atividades que poderiam realizar na sala de aula utilizando os aplicativos desenvolvidos e disponibilizados pelo grupo de pesquisa.

Finalizamos o livro com algumas considerações finais sobre o desenvolvimento da macropesquisa, mas de maneira a estimular a comunidade de educadores matemáticos a promover novas investigações que se concentrem em possíveis zonas de inquérito que emergiram nos últimos anos no nosso país. Acreditamos que as reflexões que aqui são compartilhadas são mais instigantes do que exaustivas na sua descrição, e isso é o que nos estimula atualmente a continuar desenvolvendo novos estudos que considerem o espaço formativo de qualidade que defendemos na Educação Matemática brasileira.

Capítulo 1

O cenário educacional revelado durante a pandemia

As situações vividas na área educacional nesse período de pandemia e que foram provocadas pelo COVID-19, uma doença infecciosa causada pelo coronavírus SARS-CoV-2[1], necessitam ser estudadas e merecem a atenção de diferentes pesquisadores que se envolvem com as questões do cenário educacional, tais como os que realizam suas investigações na Educação Matemática. Muitas foram as transformações ocorridas nas práticas dos professores, nas formas de conceber o processo de ensino e aprendizagem, nas relações entre professor e alunos, no uso de tecnologias, nos processos avaliativos, dentre outros elementos que constituem o espaço educacional. Ou seja, esse novo coronavírus provocou mudanças substantivas no contexto escolar. Iremos olhar criticamente para esse período?

Alguns questionamentos mais gerais e pertinentes para a área educacional são anunciados por Gatti (2020). Seremos capazes de:

> Vislumbrar o que nos assombrou no enfrentamento dessa situação, quais foram os empecilhos a vencer, o que tivemos que suportar e superar nessa situação, perceber o que precisou fazer e se fez de diferente, que alternativas foram criadas para manter a vida, as relações e a sociedade, e assim, projetar o que é necessário mudar estruturalmente para garantia da vida com dignidade para todos? (p. 30).

Outros importantes questionamentos também são feitos por Santos (2020), entre eles destacam-se: Quando se recuperarão os atrasos na educação?

---

1   Em 30 de janeiro de 2020, a Organização Mundial da Saúde (OMS) declarou que o surto do coronavírus SARS-CoV-2 constituía uma Emergência de Saúde Pública de Importância Internacional (ESPII), que é o mais alto nível de alerta no Regulamento Sanitário Internacional. A doença COVID-19 foi caracterizada pela OMS como uma pandemia em 11 de março de 2020, o que significa que os surtos da nova doença passaram a ocorrer em vários países e regiões do mundo. Em 5 de maio de 2023, a OMS declarou que o novo coronavírus não é mais uma ESPII, no entanto, no momento em que publicamos este livro, observamos que não teve fim a ameaça à saúde global, sendo ainda necessárias ações de prevenção, controle e fortalecimento da vigilância sanitária.

Haverá vontade de pensar em alternativas quando a alternativa que se busca é a normalidade que se tinha antes da pandemia?

Vamos, então, pensar um pouco no contexto da educação básica neste período de pandemia, que é o nível da educação escolar brasileira em que encontramos escolas assumindo diferentes propostas no nosso país. Houve aquelas que trabalharam com o ensino remoto, utilizando diferentes estratégias e ferramentas digitais[2]. Nesse caso, os professores tiveram que se adaptar, estudar e preparar suas aulas transpondo o trabalho presencial para um espaço digital ou impresso, utilizando o que possuíam de equipamentos tecnológicos e, muitas vezes, adquirindo, nessa transposição, novos recursos para atender as novas demandas que frequentemente se revelavam.

Os alunos necessitaram também se adaptar, pois muitos não possuíam estrutura onde viviam, e muito menos computadores modernos que comportassem as plataformas educacionais que passaram a compor o cotidiano das escolas. Esses alunos tiveram problemas no acesso à internet, falta de local apropriado para acompanhar as aulas e para estudar.

Nas escolas públicas, esse contexto não foi o de grande parte dos alunos e professores. Houve aquelas escolas que, assim que foi possível, retornaram às atividades presenciais, buscando atender protocolos e medidas de caráter geral nos diversos espaços e tempos da rotina escolar, como salas de aula, corredores, recreio, biblioteca e a entrada e saída dos alunos do prédio. No início desses retornos não foi possível a presença de todos os alunos ao mesmo tempo, sendo comum a ocorrência de um revezamento entre eles. Outras escolas trabalharam com materiais impressos disponibilizados aos alunos, os quais propunham tarefas que os alunos precisariam resolver e, depois, deveriam ser retornados à escola. E, ainda, houve escolas que paralisaram suas atividades devido às enormes dificuldades que enfrentaram. (FUNDAÇÃO CARLOS CHAGAS *et al.*, 2020).

Ao analisar esse contexto apresentado resumidamente neste período de pandemia evidencia-se, principalmente, a precarização do trabalho docente,

---

2   Destacamos que diferentemente da Educação a Distância (EaD), o ensino remoto não é uma modalidade educativa, "[...] mas, sim, uma ação pedagógica, na qual se processa certa transposição do ensino presencial para o ensino mediado por ferramentas digitais, predominantemente, ou pela proposição de apostilas e materiais impressos remetidos aos alunos" (CHARCZUK, 2020, p. 5).

que passou a ser efetivado no Ensino Remoto Emergencial (ERE), que é uma ação pedagógica de ensino remoto que se efetivou como uma mudança temporária e alternativa devido a circunstância de crise mundial provocada pela pandemia de COVID-19. Alguns aspectos desse contexto docente são apontados por Marques, Carvalho e Esquincalha (2021), separados em três eixos: condições de trabalho; relação professor-aluno e relação com ferramentas e recursos digitais.

Nas condições de trabalho, os autores apontam o aumento da carga horária; a preparação de materiais distintos para quem tem ou não acesso à internet; a invasão da privacidade do professor e dos alunos; e a aquisição de recursos e materiais tecnológicos e pedagógicos. Na relação professor-aluno, apontam a baixa frequência dos alunos nas aulas remotas; a falta de interação e de participação dos alunos nas atividades propostas remotamente; e a dificuldade de atendimento a alunos com necessidades educacionais específicas. Na relação com ferramentas e recursos digitais, são indicadas as dificuldades com ambientes virtuais de aprendizagem e com ferramentas digitais.

Então, os comprometimentos nos processos de aprendizagem dos diferentes conteúdos escolares e nos diversos níveis de ensino são apenas uma parte dos aspectos que devemos considerar quando queremos analisar criticamente os efeitos da pandemia no contexto educacional brasileiro. Assim como explicam Hodges *et al.* (2020), o ERE não teve como objetivo recriar um ecossistema educacional robusto, mas sim proporcionar o acesso temporário à instrução e aos apoios necessários de maneira rápida mediante um momento de crise.

No Brasil, o ERE se mostrou como uma ação impactante que revelou os fatores já apontados nos parágrafos anteriores, mas é importante destacar que essa ação pedagógica emergencial é revisitada todas as vezes que se pensa em novos modos de ensino, métodos e meios de comunicação diante de uma crise, com o mapeamento das necessidades e limitações de recursos em rápida mudança (HODGES et al., 2020). É o que acontece em algumas regiões do mundo que vivenciam situações de fragilidade política, econômica ou social, onde o sistema educacional é perturbado por conflitos e violências de diferentes tipos. O contexto em que as crianças do Afeganistão são impedidas de ir à escola em momentos de crise é um exemplo de panorama local onde se implementa o ERE, com o desenvolvimento de ações pedagógicas via rádio e DVDs, a fim de manter e expandir o acesso à educação (DAVIES; BENTROVATO, 2011).

Entendemos que o ERE tal como se efetivou a partir da pandemia de COVID-19 se destacou em termos de amplitude geográfica e implicações no processo educacional, no entanto, a forma como o ERE impactou o nosso país exige um estudo que se concentre nas particularidades sociais, econômicas, políticas e culturais do nosso país, como por exemplo, as que se montam nas relações humanas. Algumas dessas particularidades são identificadas por Gatti (2020), ao apontar aspectos psicossociológicos na relação dos alunos com a escola.

> Do ponto de vista psicossociológico a escola representa para os alunos não só um lugar para estudos, mas um lugar para encontros, um lugar para socializar, cultivar amizades, confrontar-se, definir sua identidade. A escola, como um coletivo, é o ambiente que permite às crianças a entrada em um primeiro ensaio de vida pública, de certo tipo de cidadania, fora do círculo familiar (p. 34).

Aspectos de diferentes dimensões se mostraram assim com a implementação do ERE nas diferentes regiões do mundo e descortinaram problemas que já existiam na comunidade. Logo, se torna imprescindível pensar nos diferentes públicos de alunos que frequentam as escolas. O Professor Boaventura de Sousa Santos, da Universidade de Coimbra, nos convoca a pensar um pouco sobre isso em um de seus livros, propondo entre outros aspectos, analisar a quarentena a partir da perspectiva dos que mais têm sofrido com a pandemia, as mulheres, os trabalhadores autônomos, as pessoas sem moradia fixa, os refugiados, os imigrantes, os idosos e as pessoas com deficiência. Para Santos (2020, p. 21), "a quarentena não só torna mais visíveis, como reforça a injustiça, a discriminação, a exclusão social e o sofrimento imerecido" que essas pessoas passam.

Assim, serão necessárias novas "formas ativas e participativas de construção de mediações cognitivas" (GATTI, 2020, p. 36). Uma dessas formas refere-se ao uso de ferramentas tecnológicas nas dinâmicas educacionais (ENGELBRECHT; LLINHARES; BORBA, 2020; MAILIZAR; MAULINA; BRUCE, 2020; MULENGA; MARBÁN, 2020; SINTEMA, 2020; BORBA, MALHEIROS, AMARAL, 2020). Ou seja, estudos que busquem integrar nas práticas pedagógicas o uso de diferentes mídias serão essenciais nesse novo cenário educacional que se monta a partir da pandemia de COVID-19.

> O que parece mais efetivo é a integração no trabalho pedagógico dentro dos espaços escolares daquilo que as diferentes mídias podem oferecer à educação, com mediações motivadoras dos professores, criando nova distribuição dos tempos para as aprendizagens e utilizando espaços variados, com a utilização de dinâmicas didáticas em que alunos sejam protagonistas ativos. (GATTI, 2020, p. 37-38).

Ao considerar os alunos público-alvo da Educação Especial[3], Manrique e Viana (2021) salientam a necessidade de investigar também a utilização de dispositivos móveis e aplicativos para esses estudantes, por potencializar o processo de ensino e aprendizagem da matemática. Mas, afirmam que, mesmo o uso dessas tecnologias, exige um processo de desenho pedagógico de modo a criar ambientes formativos e motivadores para os alunos. Logo, a Educação Especial é algo a ser exercitado envolvendo todo o sistema educacional que, por sua vez, precisa expressar esforços para a construção de um ambiente inclusivo.

Dessa forma, compreendendo a Educação Especial como uma modalidade transversal no sistema educacional brasileiro, é fundamental discutirmos a noção de inclusão e equidade na construção de um ambiente educacional inclusivo. Assim, apresentamos nas próximas páginas uma discussão sobre como a educação inclusiva tem se efetivado nas escolas por ser importante para que avancemos na inclusão de diferentes grupos de estudantes historicamente excluídos, e a literatura tem atualmente provocado esse tipo de discussão nas áreas da educação e do ensino.

Novas investigações acerca da pandemia: ansiedade matemática de ensino

O mundo vivencia, desde o início de 2020, a pandemia causada pelo novo Coronavírus. Todos os setores da sociedade, no mundo todo, tiveram

---

3 No Brasil, consideramos como público-alvo da Educação Especial os estudantes com deficiência, com Transtorno do Espectro Autista (TEA) e os que possuem altas habilidades ou superdotação (BRASIL, 2013a; 2013b).

que se adequar a uma realidade imposta pela crise sanitária global. Devido à exigência do distanciamento social, as atividades educacionais ocorreram de forma remota, via internet. Essa norma também se estendeu a estudantes de Graduação e Pós-Graduação (Mestrado, Doutorado). Segundo Miarka e Maltempi (2020, p. iv), os efeitos da pandemia foram os mais diversos.

Para alguns, o isolamento parece ter facilitado uma reflexão sobre o ritmo de trabalho nas instituições de ensino e de pesquisa e sobre o que tem sido produzido. Para outros, acarretou a produção frenética de ações para enfrentar os desafios de uma mudança repentina, como, por exemplo, para administradores de escolas e universidades, para famílias com crianças pequenas confinadas em casa, para professores pressionados para a produção de atividades remotas sem dispositivos ou formação adequados, para doentes e pessoas cuidando de doentes, para empresários do setor terciário, para pessoas que sofrem com a perda de empregos etc.

Nesse período, a recomendação do Ministério da Educação (MEC) foi suspender as aulas presenciais e adotar o sistema de ensino remoto em todos os níveis de ensino, usando plataformas como Google Meet, Hangout, Google Classroom, Zoom, Microsoft Teams e Skype, além de grupos de WhatsApp e e-mail. As qualificações e defesas de programas de pós-graduação também seguiram a mesma configuração. Ainda não se sabe ao certo quais os impactos causados pela pandemia da COVID-19 para a formação de pós-graduandos, por isso, alguns estudiosos têm se debruçado sobre essa questão (MIARKA; MALTEMPI, 2020).

As pesquisas, de um modo geral, passaram por reestruturações e sofreram um grande impacto, visto que os estudos que seriam realizados no contexto escolar com estudantes e professores foram suspensos, uma vez que não havia ambiente favorável para realização desse tipo de pesquisa, pois os professores estavam sobrecarregados com o ensino remoto, as dificuldades tecnológicas, além de psicologicamente abalados, assim como toda a população.

Nesse contexto, a implicação da pandemia nas pesquisas relacionadas à área educacional repercutiu nos estudos aqui divulgados, bem como trouxe outras perspectivas para o campo da Educação, sobretudo à Educação Matemática, apontando que os professores que ensinam matemática também podem sentir ansiedade relacionada ao ensino de matemática. A ansiedade matemática não existe apenas nos estudantes, mas também nos professores formados e em formação.

A ansiedade matemática é definida na literatura nacional e internacional como um medo, aversão, pânico e fuga de atividades que envolvam matemática (ASHCRAFT; KIRK, 2001; HEMBREE,1990). Os estudantes e professores podem experimentar diversos sentimentos e emoções conexos ao processo de ensino e aprendizagem. Esses sentimentos podem estar relacionados com a sua capacidade de ensinar e atender às necessidades de seus estudantes e com os conteúdos que precisam ser ensinados.

Os estudos (VESILE; COŞGUNER; FIDAN, 2019; HUNT; SARI, 2019) revelam que existem conexões positivas entre atitude e realização, e as atitudes em relação à matemática têm um papel fundamental no desempenho em matemática.

Desse modo, alguns pesquisadores (GANLEY, 2019; GARCIA-GONZÁLEZ; MARTÍNEZ-SIERRA, 2018; ÇATLIOĞLU; GÜRBÜZ; BIRGIN, 2014; CIFTCI, 2019) apontam que, além da ansiedade matemática estar relacionada com as atitudes, crenças e valores, essas disposições emocionais podem incidir no modo como os professores ensinam a matemática. Os estudantes precisam de habilidades cognitiva e afetivas para aprenderem matemática e o professor precisa desses fatores para desempenhar bem seu trabalho. Além de refletir sobre sua relação com a matemática, o gostar ou não gostar, os professores se preocupam em ensinar os estudantes a olhar para a matemática com prazer, interesse em conhecer de forma a desenvolver uma relação positiva com o próprio processo de aprendizagem da matemática.

A maneira como os professores discutem com os estudantes é importante para as experiências dos alunos, para a aprendizagem da matemática e o desenvolvimento de identidade e capacidades dos estudantes para interagir com os outros e com a matemática (GANLEY, 2019).

A pressão exercida para que os estudantes aprendessem a matemática de forma tradicional, como calcular frações por meio da álgebra sem antes experimentarem esse aprendizado por meio de materiais concretos, podem inibir respostas e interferir nos mecanismos atencionais, funções que são importantes para a resolução de problemas (ASHCRAFT; KRAUSE; HOPKO, 2007; ASHCRAFT; MOORE, 2009).

Hoover et al. (2016) destacam que cada uma dessas tarefas que envolvem o conhecimento, ideias e habilidades em matemática são temas centrais para um trabalho de qualidade, basta que, em vez de elaborar práticas pedagógicas provisórias, esses professores mapeiem cuidadosamente o conhecimento que terá implicações significativas para melhorar a preparação dos conteúdos a serem discorridos em aula.

Se conjectura que muitos estagiários e professores no início da carreira são eles próprios ansiosos pela matemática. Essa ansiedade, se não for observada e tratada, ajudando o professor a confrontar e controlar seu próprio medo e sentimento de insegurança, pode crescer e influenciar outros estudantes.

As discussões aqui apresentadas possibilitam uma reflexão acerca da influência das atitudes, valores, emoções, afeto e crenças no processo de ensino e aprendizagem da matemática e como podem implicar na ansiedade matemática, mas algumas limitações da pesquisa devem ser apontadas, como o limitado número de participantes na formação de professores.

Este trabalho considera a ansiedade matemática como uma implicação dos elementos emoção, afeto, cognição, motivação, autoconceito, autoeficácia, autoestima e autopercepção sobre o processo de ensino e aprendizagem da matemática. Esses elementos não são apenas aqueles que partem do estudante, mas que circundam seus pares, ou seja, é na escola que tudo acontece, as primeiras turmas de amigos, a organização social, as transformações culturais, a disseminação do saber, o desenvolvimento intelectual, físico e emocional.

E juntamente com toda essa descoberta, ocorrem também alguns contratempos, como cobrança de tarefas, testes, avaliações, exposição às atitudes positivas e negativas dos pares, bem como ocorre a avaliação da sua atitude e do outro. É nesse ambiente que os estudantes começam a construir sua relação com a matemática e, se esse lugar não for favorável, a relação negativa pode incidir na ansiedade matemática.

As atitudes, crenças e concepções dos professores que ensinam matemática podem influenciar nas atitudes dos estudantes, contribuindo para a ansiedade matemática, que pode se arrastar durante todo o percurso educacional, inclusive na universidade, preparando futuros professores com um baixo desempenho na realização de atividades matemáticas.

Para Campos e Manrique (2022), a ansiedade matemática é um tópico que pode e deve ser estudado no campo da Educação Matemática, uma vez que a área da Educação Matemática tem se apropriado (explícita ou implicitamente) de teorias cognitivas gerais com o objetivo de ajudar estudantes e professores a questionarem os fenômenos matemáticos, o processo de ensino e aprendizagem e a inclusão.

Nesse sentido, se faz necessário refletir sobre a prática docente, as concepções que os professores que ensinam matemática têm acerca da profissão e, consequentemente, da matemática, da formação docente, bem como da afetividade intrínseca no processo de aprendizagem da matemática.

Os pilares da educação inclusiva: inclusão e equidade

Vamos começar com algumas questões provocativas propostas por Ribeiro (2020):

Quadro 1: Questões provocativas sobre inclusão

- Como se tem ensinado a ensinar para atender às diversidades no contexto da sala de aula de matemática?
- O que é estar preparado para incluir? Estar munido de métodos, estratégias e dispositivos que permitam "viver" a "relação educativa" de modo prescrito?
- Será que o problema é do outro e precisamos de uma solução para ele? Se o outro não é o problema, trata-se de incluí-lo ou de aprender a viver, nas diferenças, outros modos de ser, estar, habitar, existir no mundo?

Fonte: Ribeiro (2020).

Essas questões, entre outras tantas que podemos elencar aqui, nos fazem pensar no que entendemos por inclusão, diversidade e equidade no sistema educacional, logo, algumas considerações, já identificadas na literatura sobre a inclusão de estudantes pertencentes a grupos marcados por diferentes processos de exclusão, são pertinentes para que avancemos na reflexão que propomos nestas páginas. Destacamos aqui duas dessas considerações: (1) a busca por práticas desconectadas e (2) a criação e manutenção de rótulos.

No que se refere a "busca por práticas desconectadas", podemos observar que algumas pessoas entendem que a diversidade na aula de matemática é problemática, e nesse sentido, a aprendizagem deve ser gerenciada, por exemplo, por práticas mais individualizadas e determinadas a partir de um diagnóstico. Em outras palavras, o fato de um estudante ter um laudo de Deficiência Intelectual significa que obrigatoriamente se deve seguir um currículo específico e vivenciar práticas previamente assumidas como próprias para quem apresenta esse laudo.

É com essa justificativa que se desenvolveu a ideia de que enquanto uma turma de 30 estudantes segue um currículo assumido como 'padrão', um estudante deve necessariamente, por ter um determinado diagnóstico, seguir um currículo adaptado. Mas observe! O que problematizamos aqui não é a existência de um currículo adaptado, e sim a validação de sua existência de maneira automática a partir do instante que é dado um determinado diagnóstico médico/clínico.

Esse discurso se monta no pressuposto de que o problema está no sujeito, e apenas fortalece a concepção de que há um currículo considerado como 'padrão', o qual deve ser seguido, tal como historicamente tem sido, por todos que estão no ambiente escolar, sendo a existência desse tal currículo um parâmetro importante a ser considerado no processo de inclusão. Essa é a reflexão que Viana e Manrique (2020) proporcionam, identificando que no Brasil existe uma adaptação curricular, preconizada principalmente a partir da década de 1990, que contribuiu para a formação de uma fronteira no ambiente escolar "[...] entre o normal e o excepcional, entre o comum e o incomum, entre o regular e o irregular" (p. 99).

Nessa linha de pensamento, o currículo pré-determinado não é alterado, já que são os alunos e os professores que precisam encontrar maneiras de atender às necessidades educacionais que se mostram na individualidade de cada um (ASKEW, 2015). Ou seja, o currículo não está proposto de maneira a atender a diversidade de alunos existente nas salas de aula, já que exclui de maneira sistemática determinados grupos de alunos e privilegia outros grupos específicos que, distintamente, continuaram seguindo um currículo e vivenciando práticas historicamente reconhecidos como o padrão a ser seguido na escola. É nesse sentido que Askew (2015) argumenta que

> Em vez de tomar o indivíduo como ponto de partida para planejar experiências de aprendizagem, eu argumento que as práticas a partir da posição de construir comunidades de aprendizagem são mais inclusivas e, em última análise, abordam as necessidades dos indivíduos dentro dessa comunidade (p. 130, tradução nossa)

Para esse autor, a criação de culturas coletivas de sala de aula, que apoiam o aluno individualmente, e que possuem o diálogo como meio de aprendizagem, abordam de maneira mais pertinente as questões de diversidade, inclusão e equidade. Além do mais, é importante dizer que o foco no coletivo não pode negligenciar as dificuldades e as necessidades individuais. Ele salienta, ainda, que os alunos possuem interesses e objetivos diferentes e a tentativa de igualar resultados, além de impossível, como todos sabem, não representa justiça para os próprios alunos.

Refletindo sobre a outra consideração que emerge na literatura, "a criação e manutenção de rótulos", vale pensarmos no quanto a existência de determinadas terminologias e apropriação de algumas expressões, a fim de identificar os alunos incluídos no espaço escolar, provocam consequências dignas de nossa atenção. Ao pensar nas diferentes formas de excluir os alunos, apontam-se os efeitos nocivos de colocar rótulos nos alunos, tais como: aluno com baixa capacidade, aluno lento ou aluno não engajado. Em outras palavras, rotular um aluno é excluí-lo na sala de aula.

> Isso ocorre quando as habilidades de um aluno não são vistas na riqueza que todos os alunos possuem e merecem, mas se limitam a um conjunto fechado e empobrecido de características que passam pela deficiência. (BISHOP, KALOGEROPOULOS, 2015, p. 200).

Quando focamos na inclusão de estudantes público-alvo da Educação Especial, esses rótulos são gerados de forma associada ao diagnóstico que é indicado através de um laudo de natureza médica ou clínica. Assim como observam Cruz *et al.* (2020), nessa geração de rótulos há um discurso médico em que "[...] a imagem do paciente e do diagnosticado ofusca o estudante, o aprendiz, o educando!".

Concordamos com Drago e Gabriel (2023) ao identificarem que o ideal não é a criação de rótulos com base na diferença, mas sim a garantia da pluralidade, de forma que "[...] todos sejam contemplados com a possibilidade de existirem enquanto seres sociais [...]" (p. 18). Logo, a criação e manutenção de rótulos é um tópico preocupante quando discutimos a inclusão de estudantes público-alvo da Educação Especial, mas assim como vários autores já indicaram (FAUSTINO et al., 2018; MUÑOZ; BARBERO; GÓMEZ, 2010; ORRÚ; NÁPOLES, 2015), esse é um tópico que entrou recentemente na pauta de discussões que fazemos sobre a educação inclusiva.

A partir dessas considerações, é importante visitarmos como a inclusão e a equidade são definidas atualmente no panorama educacional. Segundo um manual publicado em 2019 pela Organização das Nações Unidas para a Educação, a Ciência e a Cultura (UNESCO) com a proposta de apoiar os países a incorporar a inclusão e a equidade nas políticas públicas implementadas no campo educacional, inclusão e equidade são definidas da seguinte forma:

Quadro 2: Definição dada pela UNESCO para inclusão e equidade

- Inclusão é o processo que ajuda a superar barreiras que limitam a presença, participação e conquistas dos estudantes.
- Equidade é garantir que existe uma preocupação com justiça/processos justos, de modo que a educação de todos os estudantes seja considerada como de igual importância.

Fonte: UNESCO (2019, p. 13).

A partir dessa definição dada pela UNESCO, podemos visitar novamente as duas considerações que emergem na literatura nos últimos anos e que destacamos neste capítulo (a busca por práticas desconectadas; e a criação e manutenção de rótulos), fazendo um paralelo com a definição dada pela UNESCO para inclusão e equidade. Um dos princípios, que a UNESCO assume e que nos ajuda nessa discussão, é o reconhecimento de que as dificuldades que um determinado aluno apresenta no espaço escolar não têm origem no aluno em si, já que se originam em aspectos do próprio sistema educacional.

> Ainda mais importante é traduzir este reconhecimento em reformas concretas, enxergar diferenças individuais não como problemas a serem resolvidos, mas como oportunidades para democratizar e enriquecer a aprendizagem. Diferenças podem atuar como catalisadoras

para a inovação, podendo beneficiar todos os estudantes, quaisquer que sejam suas características pessoais e circunstâncias domésticas (UNESCO, 2019, p. 13).

Dessa forma, a partir do momento que buscamos práticas desconectadas, as quais se desenvolvem a margem de um currículo que se mantém como o núcleo duro da escola e que comumente é assumido como padrão, pensaremos na inclusão como um processo que se inicia no sujeito, no caso o estudante e sua especificidade. Isso se distancia da definição que temos aqui para a inclusão, que por sua vez, é um processo que se inicia na identificação de barreiras que se mostram na interação desse sujeito com o ambiente escolar.

Algumas das barreiras estão intrinsicamente relacionadas com as crenças dos professores sobre os processos de aprendizagem, mas, também, com as práticas de sala de aula e com os sistemas de ensino. Isso faz com que a inclusão e a equidade sejam consideradas como processos complexos e vinculados a contextos marginalizantes. Por isso, é importante entender a inclusão e a equidade como processos que ajudam a enxergar as diferenças individuais não como problemas a serem resolvidos, mas como oportunidades para enriquecer a aprendizagem de todos.

Dessa forma, ouvir a voz dos alunos para entender os processos de marginalização é uma manifestação de compromisso escolar com a inclusão. Outra ação importante é a abordagem de autoquestionamento, que pode favorecer o reenquadramento de problemas percebidos pelo professor como possibilidades negligenciadas de enfrentamento de barreiras à participação e à aprendizagem (AINSCOW, 2020, MESSIOU, AINSCOW, 2020). Ou seja, a escuta atenta e o diálogo entre professores e alunos são as chaves para promover processos mais inclusivos, pois requerem habilidades de se envolver com ideias diferentes e de desenvolver soluções coletivas para problemas postos, bem como estabelecem bases para uma sociedade mais democrática.

A proposição da formação de professores

Nos últimos anos, pesquisas desenvolvidas no âmbito do grupo de pesquisa *ForProfMat – Professor de Matemática: formação, profissão, saberes e trabalho docente*, cadastrado no CNPq, e vinculado ao Programa de Estudos

Pós-Graduados em Educação Matemática da PUC-SP, demonstram que a temática da educação inclusiva se revelou atualmente como um tópico importante para discussão na área de Educação Matemática (TAKINAGA; MANRIQUE, 2018; FERREIRA; VIANA; MANRIQUE, 2019; VIANA; MANRIQUE, 2019; CAMPOS; VIANA; MANRIQUE, 2020; VIANA; MANRIQUE, 2020; VIANA, 2023).

Quando direcionamos o nosso olhar investigativo para alunos público-alvo da educação especial, a influência do discurso médico é facilmente observada nas definições e concepções que os pesquisadores apresentam em seus textos acadêmicos. Entretanto, algumas pesquisas se destacam no contexto brasileiro da Educação Matemática, as que abordam o que é denominado atualmente como Educação Matemática Inclusiva. Tais pesquisas ampliam as temáticas para além da educação especial, sendo que dentre os resultados dessas pesquisas, destacam-se a potencialidade de utilização de objetos digitais nas aulas de matemática e a demanda que ainda se mostra no território brasileiro de tais objetos atenderem às necessidades e diferenças dos alunos (EGIDO; ANDREETTI; SANTOS, 2018; SOUZA; SILVA, 2019).

Além disso, poucos são os estudos que tomaram a álgebra como foco de pesquisa no contexto do autismo (NASCIMENTO et al., 2020). Isso significa que propostas concentradas em uma educação de qualidade para estudantes público-alvo da educação especial ainda se mostram como emergentes atualmente em nosso país. Realizando um levantamento de estudos que abordassem a deficiência intelectual, a tecnologia e a matemática, publicados no período de 2015 a 2020, identificamos quatro trabalhos pertinentes para a reflexão que propomos aqui, sendo três dissertações (MASCIANO, 2015; NASCIMENTO, 2017; SOUZA, 2019) e um artigo (DELISIO; DIEKER, 2019).

A dissertação de Masciano (2015) analisou o *software* educativo "*Hércules e Jiló no mundo da matemática*" na construção do conceito de número, por estudantes com deficiência intelectual no início de escolarização de uma Classe Especial da Rede Pública de Ensino do Distrito Federal. O *software*, intitulado "jogo dos pratinhos", tem como objetivo favorecer o processo de desenvolvimento de estratégias de contagem, para exploração e estudo da conservação de quantidades e da relação entre quantidade/quantidade.

Já Nascimento (2017) fez um estudo de caso em seu mestrado com uma criança diagnosticada com Transtorno do Espectro Autista (TEA) do 3º ano do ensino fundamental, ao utilizar o *software* livre *Jclic*, que aborda o sistema de numeração decimal. O *software* livre *Jclic* é um ambiente para a criação, realização e avaliação de atividades educativas multimídia.

A outra dissertação que trazemos para a nossa reflexão é a de Souza (2019), que apresenta um estudo de caso, que buscou compreender as contribuições das Tecnologias Digitais Educacionais, mais especificamente jogos online, para a aprendizagem matemática e a inclusão de estudantes com TEA, inseridos nos primeiros anos de escolarização.

Adicionamos ainda para a nossa reflexão, o artigo de Delisio e Dieker (2019), que analisaram o uso do programa *TeachLivE*[4] como ferramenta auxiliar para alunos com TEA ao desenvolver uma estratégia gráfica de organização, *Know Not What Strategy* (KNWS[5]), para apoiá-los na resolução de situações problema representadas por meio de linguagem escrita. O uso do sistema *TeachLivE* em conjunto com a estratégia gráfica de organização (KNWS) revelou ser uma ferramenta possível para auxiliar alunos com autismo a praticarem com independência as atividades envolvendo a resolução de situações problema em matemática. De acordo com os autores, o uso de ferramentas de realidade virtual *online*, aplicadas em conjunto com outros recursos digitais, pode contribuir para a aprendizagem dos alunos com TEA, por serem caracterizados como uma população resistente a ambientes de aprendizagem onde ocorram interação com os colegas e até mesmo com os professores.

Os quatro trabalhos identificados nesse levantamento e que apresentamos aqui se destacam com um elemento comum na utilização de tecnologias: a ludicidade através de jogos. No entanto, tais jogos se mostram aliados no desenvolvimento de determinadas habilidades nos estudantes. A revisão

---

4   É uma sala de aula de realidade mista com alunos simulados que oferece aos professores a oportunidade de desenvolver sua prática pedagógica em um ambiente seguro que não coloca em risco estudantes reais.

5   O KNWS é um organizador gráfico, onde o aluno estrutura as informações necessárias para resolução de uma situação problema em forma de tabela, composto por quatro etapas: K – Know (1) "O que eu reconheço de informações declaradas neste problema?"; N – Not (2) "Que informações não preciso para resolver esse problema?"; W – What (3) "O que exatamente esse problema me pede para encontrar?"; S – Strategy (4) "Que estratégia ou operação usarei para resolver esse problema?".

sistemática realizada por Valencia *et al.* (2019), que se concentrou na análise do impacto da tecnologia em pessoas com TEA corrobora essa nossa observação.

Um dos resultados da revisão realizada por Valencia *et al.* (2019) é que as pesquisas têm se concentrado no apoio a crianças com autismo por meio de tecnologias, enfatizando o ensino de diferentes habilidades para pessoas com autismo em contextos educacionais, com um maior percentual de estudos com foco em habilidades sociais. Logo, explorar novas alternativas e expandir as soluções tecnológicas para ensinar habilidades, por exemplo, as matemáticas, para pessoas com autismo parecem ser tópicos de pesquisa promissores, conforme apontado pelos pesquisadores.

Nesse sentido, formações de professores que apresentem uma abordagem inovadora na utilização de tecnologias e que considere a tendência identificada na literatura de promover a ludicidade através de jogos aliados ao desenvolvimento de habilidades, se mostrou nos últimos anos um trabalho importante a ser desenvolvido pelo grupo *ForProfMat*. Assim, desenvolvemos uma macropesquisa que envolveu o oferecimento de formações continuadas que possibilitaram a apresentação e a discussão de aplicativos produzidos por nosso grupo de pesquisa, que buscavam potencializar o ensino e a aprendizagem da álgebra, uma das unidades temáticas da área de matemática prevista na Base Nacional Comum Curricular (BNCC).

Essa macropesquisa foi desenvolvida através de um movimento composto por três projetos de formação de professores e envolvendo mais de 300 educadores de diferentes cidades de todas as regiões do Brasil. Isso permitiu não apenas dialogar sobre os aplicativos que tínhamos desenvolvido no grupo de pesquisa, como também ampliar uma reflexão sobre como os professores avaliavam a potencialidade pedagógica e didática na utilização de aplicativos na construção de um ambiente educacional inclusivo (FERREIRA, VIANA, MANRIQUE, 2019; FERREIRA, MANRIQUE, 2020; VIANA, FERREIRA, CAMPOS, MANRIQUE, 2020).

Assim, identificamos que objetos que possuem uma natureza didática e pedagógica, como os aplicativos que desenvolvemos, se mostravam como elementos relevantes para o desenvolvimento e construção de um sistema educacional que contribua para a inclusão e a equidade. Entretanto, é importante apontar que esses objetos podem ser mais bem qualificados quando o olhar, a avaliação e a experiência de um professor de educação básica contribuem para os processos de desenvolvimento desses recursos. Esse é um dos motivos de envolvermos formações de professores de educação básica, a fim de propiciar momentos de aprendizagem docente, baseada na prática pedagógica que apresentam em suas salas de aula (AGUIAR, PONTE, RIBEIRO, 2021).

Ainda é necessário dizer que a geração de novos recursos são elementos importantes, mas não sinônimos de garantia de construção de um ambiente inclusivo, já que no contexto brasileiro de educação básica outros elementos, que se revelam em cada região do país, em cada escola e em cada rede de ensino, e que são íntimos de quem atua diretamente nesses espaços, precisam ser considerados na criação de objetos que se propõem a promover práticas inclusivas.

Dessa forma, uma proposta de uma educação de qualidade e eficaz, que seja capaz de transformar positivamente a vida do professor que ensina matemática e do estudante, motivaram assim o desenvolvimento da macropesquisa que apresentamos neste livro e que foi possível realizar através dos três projetos de formação de professores que conduzimos.

Nessa macropesquisa, tivemos o objetivo geral de refletir sobre a formação de professores que aborda o desenvolvimento do pensamento algébrico no campo da educação inclusiva, utilizando atividades propostas em aplicativos para celular. Nossos objetivos específicos foram: (1) desenvolver um conjunto de atividades envolvendo conteúdos algébricos, que possa ser disponibilizado como aplicativos para celular; (2) oferecer formações aos professores que ensinam matemática a fim de apresentar os aplicativos desenvolvidos pelo grupo; (3) analisar a interação do professor com as atividades disponibilizadas nos aplicativos.

Diante da natureza do problema a ser pesquisado e dos objetivos que pretendíamos alcançar, adotamos a abordagem qualitativa de cunho interpretativo, pois nossa proposta era realizar um estudo sobre o desenvolvimento do pensamento algébrico no campo da educação inclusiva e com atividades propostas através de aplicativos para celular.

Para o desenvolvimento do conjunto de atividades envolvendo conteúdos algébricos utilizando os aplicativos desenvolvidos pelo grupo de pesquisa, assumimos, a abordagem denominada Desenho Universal para Aprendizagem (DUA). O objetivo do DUA é oferecer a mesma oportunidade de aprendizagem para todos os alunos e tem sido aprofundado por alguns pesquisadores, como por exemplo o Prof. Dr. Tom Hehir na *Harvard University*, tornando-se um tema de estudo frequente na literatura (ROSE *et al.*, 2002).

Atualmente, o desenvolvimento do DUA envolve as tecnologias digitais, o cotidiano de prática docente com os alunos, outros docentes e comunidade escolar, como também o conceito de desenho universal utilizado tanto na arquitetura, como no desenvolvimento de produtos. É partindo desse envolvimento, que se concretiza por meio de três princípios que orientam o desenho, a seleção e a aplicação de ferramentas, métodos e ambientes de aprendizagem. Esses três princípios regularam o desenvolvimento dos aplicativos pelo grupo de pesquisa, e são definidos no DUA da seguinte forma: (1) Fornecer múltiplos meios de engajamento (o 'porquê' da aprendizagem); (2) Fornecer múltiplos meios de representação (o 'o quê' da aprendizagem); (3) Fornecer múltiplos meio de ação e expressão (o 'como' da aprendizagem).

Associado a ideia do DUA, um dos conceitos que se mostrou promissor no desenvolvimento de recursos e ferramentas que viabilizam um cenário mais inclusivo e que também assumimos no trabalho de formação de professores que desenvolvemos, é o *Mobile Learning*, que se refere a um conceito que surgiu a partir do crescente número de estratégias de aprendizagem promovidas a partir do uso de dispositivos móveis, como smartphones e tablets (HIGUCHI, 2011).

No entanto, assim como indica Kukulska-Hulme e Traxler (2005), o *Mobile Learning* implica em uma sinergia entre diversos elementos, não se restringindo ao dispositivo móvel. Isso significa pensarmos não apenas no oferecimento do dispositivo móvel, mas em todos os elementos que na situação de ensino influem ou desembocam no uso desse dispositivo.

Dessa forma, a pesquisa que apresentamos aqui adotou a abordagem do DUA para o desenvolvimento do conjunto de atividades desenvolvidas na forma de aplicativos para celular e assumiu o Mobile Learning como um importante conceito a ser exercitado com os professores de educação básica durante os encontros de formação. Para a produção de dados que seriam analisados na pesquisa, nos apoiamos em relatórios disponibilizados pelos professores participantes das formações e respostas a questionários aplicados aos professores.

Um estudo sobre os processos de ensino e aprendizagem de matemática durante a trajetória de construção de uma escola inclusiva pode produzir conhecimento com impactos importantes na qualidade da educação oferecida em nosso país, na melhoria das interações sociais e na qualidade de vida em sociedade dos alunos. Ou seja, a qualidade da educação oferecida aos alunos torna a vida escolar acessível para eles, pode garantir não apenas o acesso, mas também a apropriação dos conteúdos necessários à construção de um nível próprio de conhecimento, no caso deste estudo, os conhecimentos sobre conteúdos algébricos.

Nosso argumento embasa-se em que uma das melhores maneiras de propiciar um ensino de matemática que esteja conectado com as demandas atuais é adotar a tecnologia na educação, pois motiva os alunos em seu processo de aprendizagem, estimula a curiosidade e coloca a escola atualizada com as novas tendências da sociedade. Assim, o trabalho desenvolvido pelo grupo *ForProfMat*, que apresentamos neste livro, permitiu a apropriação de conhecimentos que poderão dar suporte direto à prática educacional, ao uso das tecnologias no ensino e à construção de um ambiente educacional mais inclusivo no ensino de matemática.

Capítulo 2

Discussões teóricas sobre a inclusão, a equidade a o pensamento algébrico

Neste capítulo, fazemos uma breve exposição do referencial teórico que o grupo de pesquisa *ForProfMat* assumiu no desenvolvimento do trabalho de formação continuada que apresentamos neste livro. Nas próximas páginas, fazemos uma discussão sobre os dois pilares de natureza teórica que sustentaram a ação de formação de professores e a pesquisa que realizamos a partir dessa formação: (1) os estudos sobre inclusão e equidade na Educação Matemática e (2) o desenvolvimento do pensamento algébrico.

Um dos itens que frequentemente está presente nas discussões que fazemos na Educação Matemática é sobre o desenvolvimento de teorias nessa área, e esse item está presente desde a década de 1980, quando Hans-Georg Steiner (1928-2004), um dos pioneiros na constituição da Educação Matemática como uma disciplina científica, introduziu um programa para o delineamento das discussões que estavam sendo propostas sobre a Teoria da Educação Matemática (SANTOS; ALMOULOUD, 2022).

Na década de 1980, Steiner defendia que era fundamental que os educadores matemáticos buscassem um esclarecimento do que é entendido como teoria, assim como os fundamentos epistemológicos que culminam nesse entendimento, pois essa busca, é o que permite a fundamentação científica da Educação Matemática como área, e faz parte da tarefa genuína que temos para a consolidação de qualquer disciplina científica (BIKNER-AHSBAHS, 2016; STEINER, 1983; 1986).

Uma das primeiras preocupações relacionadas por Steiner sobre o desenvolvimento da Teoria da Educação Matemática é o risco de radicalização no posicionamento teórico, se apoiando exclusivamente em teorias desenvolvidas em outras áreas ou disciplinas, ou se fundamentando exclusivamente em teorias desenvolvidas internamente na Educação Matemática. Para Steiner, esse posicionamento científico unilateral contradiz a principal característica que a Educação Matemática tem como disciplina: a interdisciplinaridade!

O que Steiner propõe é uma visão complementar nesse tipo de discussão. De um lado temos as teorias desenvolvidas em outras áreas, que não devem ser simplesmente transferidas, mas sim adaptadas às necessidades da área da Educação Matemática, e por outro lado, temos as teorias desenvolvidas internamente na Educação Matemática, que apesar de abordarem necessidades específicas sobre o ensino e a aprendizagem de matemática, devem estar sujeitas à complexidade de estabelecer metodologias de investigação adequadas e que permitam a validação da Educação Matemática como disciplina dentre as diversas áreas da ciência (BIKNER-AHSBAHS, 2016).

Essa visão complementar e dialética proposta por Steiner é o que temos exercitado nos trabalhos que desenvolvemos em torno das noções de inclusão e equidade na Educação Matemática. Na exposição do referencial teórico neste capítulo, o leitor observará que existe uma dialética entre as teorias desenvolvidas internamente na Educação Matemática e externamente em outras áreas, no caso, principalmente, na área da Educação Especial. Nessa dialética surge o que, para fins didáticos de exposição no texto, denominamos como 'diálogos', e esse é nosso esforço na exposição do primeiro pilar do nosso referencial teórico, os estudos sobre inclusão e equidade na Educação Matemática.

Após a apresentação desses diálogos, fazemos uma breve exposição sobre o segundo pilar do nosso referencial, o desenvolvimento do pensamento algébrico. Assim como explicaremos, é um tópico de estudo que, nos últimos anos, se mostrou relevante no trabalho que desenvolvemos no grupo de pesquisa *ForProfMat*, tendo em vista a implementação em 2017 da Base Nacional Comum Curricular (BNCC) e a forma como a álgebra é explicitada nesse novo documento que passou a existir em nosso país.

2.1. Visitando parte do panorama de estudos sobre inclusão e equidade na Educação Matemática

Os trabalhos que temos desenvolvido no nosso grupo de pesquisa têm se concentrado no aprofundamento das noções de inclusão e equidade na Educação Matemática, mas de maneira a acompanhar o cenário que se monta mundialmente em torno dos tópicos geralmente aludidos na educação inclusiva. É nesse movimento que temos realizado diferentes discussões sobre como a educação inclusiva é abordada na Educação Matemática brasileira.

Aqui podemos considerar o que podemos denominar como um panorama de estudos sobre inclusão e equidade que tem se consolidado nas últimas décadas na Educação Matemática em nosso país. Porém, reconhecemos que a apresentação de um panorama de estudos é uma tarefa complexa, tal como sugere a própria etimologia da palavra "panorama".

A palavra "panorama" deriva do francês *panorama* e foi introduzida na linguagem científica a partir do século XIX, com a sua origem no grego παη (*pan*, que significa 'todos', 'tudo') e ὅραμα (*hórama*, que significa 'o que se vê'). A partir dessa análise etimológica, a palavra "panorama" nos remete a uma ideia de "visão de um todo", ou "tudo o que se vê" (CUNHA, 2012; NEVES, 2012), logo, um panorama exigiria aqui a exposição de tudo que se vê de estudos sobre inclusão e equidade na Educação Matemática, uma tarefa impossível de executar em algumas páginas de um livro. Por esse motivo, preferimos explicitar o que fazemos neste capítulo, como sendo uma visita, e mesmo assim, parcial, a esse panorama que existe, mas que não nos é possível abarcar na sua totalidade nesta obra em específico.

Nessa visita que fazemos podemos identificar, tal como aprofundado em Manrique e Viana (2021), diálogos que se formam inicialmente entre a Educação Matemática e a Educação Especial, os quais são iniciados no Brasil no final do século passado e alcançam uma rede de estudos e pesquisas que se molda de maneira a acompanhar a forma como a educação inclusiva é discutida pela sociedade.

Podemos identificar o início desses diálogos principalmente a partir da década de 1990, sendo uma das pesquisas que se destaca no esforço de fazer esse diálogo, a conduzida por Oliveira (1993), e que resultou em uma dissertação de Mestrado na área da Educação Matemática que discute a alfabetização matemática no campo da surdez.

Apesar de identificarmos a dissertação de Mestrado escrita por Oliveira (1993) como uma pesquisa que se destaca nesses primeiros diálogos entre Educação Matemática e Educação Especial, é importante considerarmos que na década de 1990 havia educadores matemáticos que também traziam como centro de interesse nos seus estudos, tópicos relacionados às deficiências de natureza sensorial, como a cegueira e a surdez, através de discussões sobre a utilização de recursos (PAULA, 1989; PEREIRA; REZENDE; BARBOSA, 1998) e o desenvolvimento de práticas (COSTA, 1993; LEME;

FRANCISCO; MANZINI, 1991; OLIVEIRA, 1991). No entanto, outros tópicos comumente estudados na Educação Especial, como as altas habilidades/superdotação também passaram a ocupar espaço nas pautas desses estudos produzidos na Educação Matemática (GAERTNER, 1995).

Esse cenário de primeiros estudos que identificamos na década de 1990 e que Manrique e Viana (2021) denominam como um momento de pré-diálogo nas discussões promovidas na Educação Matemática sobre tópicos que são comumente estudados pela Educação Especial, permitiu a constituição de outro momento mais consolidado. É um outro momento em que são estabelecidos os primeiros diálogos, e que teve início no começo do nosso século, com o desenvolvimento de pesquisas que se ocuparam com tópicos relacionados as diversas deficiências através de estudos ancorados em teorias já aprofundadas na Educação Matemática (ANDREZZO, 2005; FERREIRA, 2006; ZANQUETTA, 2006) e em discussões que se concentravam na utilização de diferentes recursos (LIRIO, 2006; LUIZ, 2008; MARCELLY, 2010; SALES, 2008).

Esse movimento intenso de estudos, que podemos observar no início dos anos 2000, pulsa no universo acadêmico da Educação Matemática brasileira na medida em que novos direitos foram conquistados e novas configurações foram estabelecidas no âmbito da educação de pessoas com deficiência, tais como a acessibilidade nos sistemas de comunicação e sinalização para a garantia do direito de acesso à educação (BRASIL, 2000), a promulgação da Convenção Interamericana para a Eliminação de Todas as Formas de Discriminação contra as Pessoas Portadoras de Deficiência (BRASIL, 2001a), o ensino da Língua Brasileira de Sinais (Libras) como uma parte integrante dos Parâmetros Curriculares Nacionais (PCN) (BRASIL, 2002a), a aprovação de um projeto sobre a recomendação do uso da Grafia Braille para a Língua Portuguesa em todo o território nacional (BRASIL, 2002b) e a Política Nacional de Educação Especial na Perspectiva da Educação Inclusiva (BRASIL, 2008)

A implementação de políticas públicas pautadas na inclusão e na equidade passou no início do nosso século a se concretizar, provocando assim novos caminhos na trajetória escolar dos estudantes público-alvo da Educação Especial. No entanto, outros grupos identificados no Brasil que também trazem marcas de exclusão quando olhamos para a sua constituição, também passaram no início do nosso século a entrar no cerne das novas políticas públicas que foram propostas no nosso país, através de diferentes dispositivos de alcance nacional com a finalidade de fortalecer os direitos e a inclusão de grupos historicamente excluídos (BRASIL, 2003; 2007; MINISTÉRIO DA EDUCAÇÃO, 2012).

Nesse novo cenário que se forma no Brasil, outros tópicos passaram a entrar na pauta da educação inclusiva, como por exemplo, a Educação Indígena, as questões étnico-raciais, as questões relacionadas a gênero, a educação de imigrantes, e vários outros tópicos que emergem como resultado de movimentos envolvendo ativistas e pessoas interessadas em aprofundar discussões sobre tais tópicos. Assim, a noção de educação inclusiva foi se transformando no nosso país, alcançando outras esferas de discussão que não estão necessariamente relacionadas à Educação Especial.

Diante dessa transformação, a Educação Matemática passou a se ocupar a partir da segunda década do nosso século, com outras temáticas que não se fincam apenas na Educação Especial, mas também em outros grupos de estudantes, que, marcados historicamente por processos excludentes, também são abraçados nessa nova noção de educação inclusiva que emerge no cenário brasileiro (PENTEADO; MARCONE, 2019).

Segundo Penteado e Marcone (2019), as pesquisas que se ancoram na educação inclusiva e que passaram a se efetivar na Educação Matemática começaram a se voltar às possibilidades de experimentação, adaptação de materiais e reflexão filosófica, superando um "comportamento paternalista" em relação aos estudantes público-alvo da Educação Especial.

As pesquisas que resultam do diálogo entre as áreas da Educação Matemática e da Educação Especial, na segunda década do nosso século, destacaram principalmente um interesse em realizar estudos envolvendo estudantes com deficiências sensoriais, tais como a surdez, a cegueira e a baixa visão (MANRIQUE; VIANA, 2021). No entanto, também é na segunda década do nosso século que a Educação Matemática acompanha a tendência nacional de se ocupar com outros tópicos que passaram a ser relacionados no âmbito da educação inclusiva no nosso país, com pesquisas que definem a perspectiva inclusiva no foco e compreensão de todos os estudantes que, nas singularidades e na diversidade humana, estão presentes no ambiente educacional.

Segundo Viana e Manrique (2019), essa mudança reflete uma nova concepção de Educação Matemática, que caminha na perspectiva inclusiva e, aos poucos, constitui uma rede de estudos que se articulam e possibilitam a consolidação de novas teorias e práticas a fim de atender as diferenças que se mostram na sala de aula em todos os seus aspectos.

Na segunda década dos anos 2000, a Educação Matemática consolidou assim uma transformação importante na forma de fazer, compreender e pensar a matemática, gerando o que ficou conhecido no nosso país como "Educação Matemática Inclusiva". Podemos entender como um marco importante para o fortalecimento da Educação Matemática Inclusiva no Brasil a criação do "Grupo de Trabalho 13 – Diferença, Inclusão e Educação Matemática" em 2013, que passou a ser um dos grupos de trabalho da Sociedade Brasileira de Educação Matemática (SBEM), com a primeira reunião realizada em 2015, na ocasião do VI Seminário Internacional de Pesquisa em Educação Matemática (SIPEM), na cidade de Pirenópolis, Goiás (NOGUEIRA et al., 2019).

Nesses estudos que se desenvolveram sob o guarda-chuva da Educação Matemática Inclusiva, as práticas envolvendo estudantes público-alvo da Educação Especial, assim como estudantes que de alguma forma se aproximam dos novos tópicos que passaram a ocupar espaço na pauta da educação inclusiva, no ambiente educacional se tornaram uma parte importante das pesquisas, com o reconhecimento e esforço para a proposição de novos recursos, estratégias e possibilidades no ensino de matemática (CARDOSO, 2015; PRAÇA, 2011; SANTOS, 2013; VIANA, 2017).

A partir dessas pesquisas que se desenvolveram no arcabouço da Educação Matemática Inclusiva, foi possível edificarmos uma Educação Matemática que no Brasil, se esforça em alcançar os estudantes na diversidade humana, superando o entendimento de que, por um longo período da história, presumia a existência de um estudante que atendia uma possível 'norma'. Logo, novas perspectivas passaram a orbitar em torno das novas compreensões sobre inclusão e equidade, constituindo assim uma Educação Matemática que busca alcançar os estudantes nas suas singularidades.

Quando publicamos este livro, notamos que a Educação Matemática no nosso país está a constituir-se em uma rede de estudos que se tece a partir de diferentes perspectivas que, em comum, buscam novas compreensões sobre a inclusão e a equidade no ensino de matemática, constituindo assim o que preferimos, nos nossos textos, expressar como uma Educação Matemática na perspectiva inclusiva. Nessa perspectiva, o objetivo dos educadores matemáticos é alcançar a inclusão e a equidade no ensino de matemática. Assim, novas práticas ainda estão se inserindo como desafiadoras no território brasileiro, pois pensarmos em novas práticas significa pensarmos em ressignificações de ações, recursos, estratégias, proposições, terminologias e estilos de escrita e investigação, o que consequentemente nos faz refletir sobre uma formação de professores que deve ser revisitada tanto na sua natureza como nas suas concepções filosóficas e teóricas. Um exemplo, que se enquadra nessas novas práticas na Educação Matemática, é a utilização do gênero neutro na escrita acadêmica a fim de assumir um posicionamento político de enfrentamento à discriminação de gênero (GUSE; ESQUINCALHA, 2022; ROSA, 2021).

É na definição de novas práticas que os educadores matemáticos têm na presente década se ocupado com uma formação de professores ressignificada e adequada às necessidades que são observadas e consideradas no cotidiano escolar brasileiro, as quais se mostram a partir dos desafios e dificuldades enfrentadas pelo professor que ensina matemática, e das vozes de diferentes grupos que historicamente passaram por processos de exclusão dos mais variados tipos.

A ressignificação da trajetória formativa do professor que ensina matemática é, dessa forma, um tópico digno de atenção na construção de uma escola inclusiva. Tal ressignificação não é uma tarefa fácil e de rápida execução, porém necessária e importante para que alcancemos tudo o que temos observado como necessário para uma Educação Matemática mais inclusiva e equitativa.

Conforme apontam Torisu e Silva (2016), os cursos de Licenciatura em Matemática ainda apresentam em nosso país dificuldades relevantes para formar professores que atuem com uma perspectiva inclusiva, o que nos encaminha para o entendimento de que a formação de professores é um ponto ainda pendente de avanços no Brasil. Nessa nossa reflexão, é importante salientar que, apesar dessas mudanças e transformações que ocorreram desde a década de 1990, a Educação Especial continua no nosso país a ser um dos tópicos investigados pelos educadores matemáticos. No entanto, destacamos que a educação inclusiva é distinta da Educação Especial no que se refere a definição que cada uma tem. Essa distinção ocorre principalmente no âmbito do alcance, pois enquanto a educação inclusiva abarca todos os grupos entendidos como minoritários, excluídos, rejeitados e/ou que passaram por diferentes processos de exclusão, a Educação Especial se restringe ao grupo de estudantes identificados como estudantes público-alvo da Educação Especial (estudantes com deficiência, transtorno do espectro autista ou altas habilidades/superdotação). Assim, temos a educação inclusiva como um movimento social e político que emerge no panorama mundial, e a Educação Especial, no Brasil, é uma das modalidades da educação escolar que se caracteriza por ser transversal a todos os níveis, etapas e outras modalidades do sistema educacional brasileiro.

Dessa forma, a Educação Especial desde 2008 passou a ser entendida na perspectiva da Educação Inclusiva (BRASIL, 2008), com os estudantes público-alvo da Educação Especial sendo reconhecidos dentre as minorias que experimentaram diferentes processos de exclusão ao longo dos séculos, e que agora, estão incluídos no sistema educacional, ao lado de outros grupos que, também por meio de suas marcas de exclusão, têm seus próprios arcabouços históricos e identitários.

Trabalhos desenvolvidos com a proposta de sensibilização tanto da equipe docente como dos estudantes também destacam o aspecto colaborativo das pesquisas pelos educadores matemáticos, já que buscam criar ecossistemas em que todos se empreendam na proposta de consolidação de uma escola mais inclusiva e equitativa.

Outro aspecto que podemos identificar nos primeiros passos dados pela Educação Matemática é o da busca por segurança didática no ensino de matemática. Contribuições importantes para essa nossa reflexão são observadas no estudo conduzido por Geller *et al.* (2017), quando inferem de relatos obtidos por meio de entrevistas, questionários e observações que:

> [...] o uso do material manipulável, aliado à adaptação curricular, tem potencial para articular o desenvolvimento de conceitos matemáticos, além de constatar que os professores que possuem conhecimentos sobre as particularidades que cada deficiência apresenta, como a comunicação em língua de sinais e escrita em Braille, são capazes de exercer a docência com mais segurança. (p. 31)

A percepção de Geller *et al.* (2017), ao conduzirem esse estudo, é de que a adaptação curricular e o conhecimento sobre quais são as particularidades de um determinado diagnóstico, conduzem o professor a promover uma ação didática no ensino de matemática com mais garantia de sucesso no seu desenvolvimento. Mas será que o conhecimento de particularidades de uma determinada deficiência já é o suficiente para garantirmos esse sucesso na ação didática?

As adaptações, flexibilizações e conhecimento de qual é a condição do estudante segundo um laudo ou relatório médico/clínico, são elementos importantes, mas não sinônimos de garantia de consolidação de um ambiente inclusivo no ensino de matemática. No contexto brasileiro de educação básica, outros elementos dificultam a obtenção de um ambiente inclusivo mesmo com tal conhecimento, tornando a conquista dessa garantia algo muito mais complexo. Alguns desses elementos já identificados em estudos realizados no nosso século são a quantidade de estudantes que necessitam de uma adaptação específica em uma mesma turma/ano/ciclo, a demanda de trabalhos que comumente são exigidos do professor em nosso país, a compreensão equivocada sobre algumas propostas e políticas públicas relacionadas à educação inclusiva e a Educação Especial e a ausência de um projeto pedagógico que se ancore nos pressupostos da inclusão e da equidade (BREITENBACH; HONNEF; COSTAS, 2016; CAPELLINI; RODRIGUES, 2009; SANTOS; HERNANDEZ; PERES, 2015).

Esse panorama de estudos feitos pelos educadores matemáticos brasileiros no campo da inclusão e da equidade, e que brevemente pincelamos até esta página, é o que temos cuidadosamente estudado no grupo de pesquisa *ForProfMat*, sendo um fator que constantemente temos considerado nos trabalhos de formação de professores que desenvolvemos no Brasil. No entanto, associado a esse panorama de estudos, observamos que desde 2017, com a implementação da Base Nacional Comum Curricular (BNCC) no nosso país, outros fatores se destacam como importantes nas relações que temos efetivado com os professores brasileiros. Assim como é explicitado pelo Ministério da Educação, a BNCC é um:

> [...] documento de caráter normativo que define o conjunto orgânico e progressivo de aprendizagens essenciais como direito das crianças, jovens e adultos no âmbito da Educação Básica escolar, e orientam sua implementação pelos sistemas de ensino das diferentes

instâncias federativas, bem como pelas instituições ou redes escolares (BRASIL, 2017b).

Na área de matemática, a BNCC propõe cinco unidades temáticas, correlacionadas, que orientam a formulação de habilidades a serem desenvolvidas ao longo do Ensino Fundamental (BRASIL, 2017a), as quais são relacionadas nesse documento como sendo: Números, Álgebra, Geometria, Grandezas e medidas, e Probabilidade e estatística. Considerando os desafios já apontados na Educação Matemática para o ensino de objetos matemáticos relacionados ao campo algébrico (GIL, 2008), nosso grupo de pesquisa tem se ocupado em investigar com mais profundidade questões que se formam sobre o desenvolvimento do pensamento algébrico.

Um dos aspectos já identificados na literatura, quando focamos na forma como a álgebra é abordada no Brasil após a implementação da BNCC, é visibilidade dada à álgebra na BNCC, visto que se tornou uma unidade temática (FAVERO; MANRIQUE, 2021). Esse destaque viabilizou uma maior sistematização do tratamento que os professores fazem de objetos matemáticos relacionados à álgebra, já que "com a chegada da BNCC, as aprendizagens e competências relacionadas à álgebra básica do Ensino Fundamental recebem mais atenção e é mais bem distribuída durante todo o Ensino Fundamental não deixando a maior quantidade de conteúdos para os anos finais" (PINHEIRO, 2019, p. 40).

Logo, uma discussão teoricamente fundamentada sobre como esse tratamento dos objetos matemáticos previstos na unidade temática de Álgebra se mostrou pertinente na formação de professores que desenvolvemos. Mas, nessa discussão é importante exporrmos o que compreendemos como elementar no tratamento da unidade temática de Álgebra no ensino fundamental: o desenvolvimento do pensamento algébrico!

2.2. O desenvolvimento do pensamento algébrico

Como documento norteador, a BNCC define um conjunto de habilidades e objetos do conhecimento que devem ser abordados na educação básica. Cada área do conhecimento é organizada em unidades temáticas, e, no caso da matemática, a unidade temática intitulada Álgebra está presente desde os anos iniciais do ensino fundamental (BRASIL, 2017a). Essa situação se mostra como uma novidade em relação aos documentos anteriores que não explicitavam uma seção destinada à Álgebra nos primeiros anos do ensino fundamental. Assim, a Álgebra está presente em toda a educação básica segundo esse documento, que por sua vez, defende que o pensamento algébrico "é essencial para utilizar modelos matemáticos na compreensão, representação e análise de relações quantitativas de grandezas e, também, de situações e estruturas matemáticas" (BRASIL, 2017, p. 270).

Dessa forma, como os professores estão trabalhando com os conteúdos algébricos? Como o pensamento algébrico é considerado ao longo dos anos do ensino fundamental? Diante dessas questões, observamos que os professores que ensinam matemática e que atuam no ensino fundamental (anos iniciais e finais) necessitam identificar as potencialidades e limitações da BNCC, por este ser um documento que apresenta diferenças entre as quantidades, distribuição e conteúdos das habilidades relacionadas a cada tipo de tarefa que é proposta em relação aos conteúdos vinculados à Álgebra (FAVERO, MANRIQUE, 2021a, b).

Uma das primeiras perguntas que surge, então, é sobre que Álgebra estamos falando? Na década de 1990, o ensino da álgebra significava, principalmente, lidar com incógnitas, variáveis e parâmetros e realizar operações com quantidades indeterminadas. Esse tipo de tarefa é possível de se realizar com crianças desde os anos iniciais? Muitas pesquisas relatam a dificuldade em desenvolver atividades envolvendo Álgebra nos anos finais (RIBEIRO; CURY, 2015), então, de que Álgebra estamos querendo tratar desde os anos iniciais do ensino fundamental?

É preciso considerar que a manipulação de símbolos é apenas uma parte abordada pela Álgebra. Os alunos podem pensar algebricamente, mesmo sem utilizar signos alfanuméricos. Segundo Radford (2010; 2014; 2018a), existe uma diversidade de formas semióticas para trabalhar com a indeterminação algébrica, e o pensamento algébrico pode ser mediado por signos associados também pela corporeidade de ações, gestos e artefatos. Nesse sentido, Radford (2018c) reitera que conceituar apenas o uso do simbolismo alfanumérico à Álgebra equipara afirmar que o pensamento algébrico não existia antes do século XVI, quando a álgebra simbólica foi introduzida pelo matemático francês François Viète (1540-1603).

Radford e colaboradores têm trabalhado com atividades em uma perspectiva teórica que toma como princípios motores a semiótica, a cultura e a história para oferecer aos alunos oportunidades de pensar algebricamente (RADFORD, 2010). Ele afirma que a aprendizagem consiste em processos de obter conhecimento reflexivo de práxis históricas cognitivas e formas concomitantes de ação e raciocínio, que denomina como processos de objetivação, que são: "Processos sociais através dos quais os alunos apreendem a lógica cultural com a qual os objetos de conhecimento foram dotados e se tornam familiarizados com formas historicamente constituídas de ação e pensamento" (RADFORD, 2010, p. 4, tradução nossa).

Segundo Radford (2021), uma das principais características do indivíduo é a relacional, que é uma característica que se situa na sua vida cultural e historicamente constituída. Com esse pensamento, ele ressignifica os papéis de estudante e professor: "Nesta perspectiva, o estudante e o professor não são entidades dadas, que seguem seu ritmo interno de desenvolvimento; pelo contrário, são entidades relacionais – profundamente emocionais e que se afetam mutuamente – em constante transformação" (RADFORD, 2021, p. 38). Essa forma dinâmica de conceber o estudante e o professor repercute sobre a forma de aprender, pois entende que os seres humanos aprendem coletivamente e, assim, produzem saberes coletivamente. Na teoria da Objetivação de Radford (2021), o saber é entendido como um sistema de processos sensíveis e materiais de ação e reflexão. Além disso, o saber depende da cultura em que o indivíduo está inserido e muda ao longo do tempo, sendo altamente político e simbólico. E é a materialização, atualização ou incorporação do saber que Radford dá o nome de conhecimento (RADFORD, 2021).

Aqui temos o que é denominado como Teoria da Objetivação, que compreende de forma dialética o movimento de produção do conhecimento a partir de um saber:

> O conhecimento como *atualização* do saber evoca efetivamente esta dimensão temporal de um sistema em movimento contínuo. O que produz este movimento? É a *atividade*: o saber e o conhecimento se relacionam através da atividade. De fato, o saber só pode aparecer através da atividade. Esta atividade atualiza o saber, dá-lhe vida, o traz à vida, assim como a atividade de tocar um violino dá vida às notas musicais. A mesma coisa acontece na escola; imaginemos

> uma discussão em sala de aula entre professor e estudante sobre como resolver uma equação algébrica. Esta discussão ocorre dentro de uma atividade de ensino e aprendizagem que dá vida ao saber algébrico, o torna evidente, o manifesta (RADFORD, 2021, p. 41).

Para podermos compreender melhor essa ideia de movimento dialético de transformação do saber em conhecimento, mediado pela atividade, pode ser melhor assimilado observando o processo de objetivação que é proposto por Radford (2021, p. 44).

> Para compreender o significado deste encontro, consideremos que o substantivo *objetivação* significa que, antes de nosso encontro com o saber, ele se apresenta a nós como algo *diferente* de nós: algo que, em sua *alteridade*, sua própria presença nos objeta; isto é, resiste ou se opõe a nós. A equação é . Nosso encontro com o saber é o signo de uma *diferença*. A *objetivação* é tentativa de compreender K. Mas como o saber é uma forma ideal (geral) em constante mudança (constantemente recriada, refinada e ampliada), o encontro não é algo que possa desvendar K em sua totalidade. Há sempre um resíduo, um excedente que permanece além de nossos encontros sempre locais, situados e concretos com o saber. Consequentemente, a objetivação é um esforço parcial de tomar consciência ou dar-se conta dele. É por isso que, na TO [Teoria da Objetivação], ao referirmo-nos à aprendizagem, ao invés de dizer que os estudantes obtiveram conhecimento, preferimos dizer que os estudantes estão envolvidos em *processos de objetivação*.

Segundo Radford (2021), a aprendizagem envolve aspectos emotivos e afetivos, além de cognitivos. Isso significa que também abarca subjetividades, pois considera as individualidades das pessoas.

> Na TO [Teoria da Objetivação], a investigação da produção de subjetividades na sala de aula é realizada através do conceito de *processos de subjetivação*: ou seja, aqueles em que professores e estudantes se *produzem mutuamente ao* posicionar-se na atividade através de redes de relações sociais que se materializam através da ação, do corpo, do discurso e da materialidade da cultura. Nos processos de subjetivação, professores e estudantes tornam-se uma *presença no mundo* (p. 45).

Assim, na Teoria da Objetivação, se envolver em uma atividade significa que estudantes e professores possuem protagonismo em um ambiente favorável para o ensino e a aprendizagem. Para Radford (2021), esse ambiente é:

> (...) um sistema espaço-temporal dinâmico que os estudantes e o professor criam. É composto pela *energia* que o professor e os alunos gastam na tentativa de resolver o problema *juntos* e cujo tecido inclui linguagem, gesto, percepção, posição corporal e artefatos. É um portador fluido de intenções e motivos *conceituais* e *éticos* que são afinados e refinados ao longo do caminho (p. 52).

Dessa forma, o pensamento algébrico se caracteriza, principalmente, pelo tipo de raciocínio empregado ao lidar com as atividades propostas na sala de aula. Ele lida com quantidades indeterminadas de forma analítica e com modos específicos, que foram evoluídos cultural e historicamente, de representar quantidades indeterminadas e suas operações. Nessa forma de conceber a álgebra, os signos não possuem o mesmo status representacional e auxiliar que comumente é adotado nas teorias cognitivas clássicas, já que são considerados como parte material do pensamento. Nesse caso, os registros semióticos abrem novas possibilidades para a compreensão de signos e fórmulas algébricas, antes considerados apenas as letras e sinais para operações (como +, x etc.), como sinais algébricos da álgebra escolar. Para Radford (2010), palavras e gestos podem ser considerados também como signos algébricos, semioticamente falando, embora não possamos entender que eles sejam equivalentes ou possam ser substituídos uns pelos outros. O que se quer salientar é que o importante é o modo de significar adotado pela pessoa ao ser considerado um sistema semiótico, pois os signos são considerados partes constitutivas do pensamento. Ou seja, nessa perspectiva semiótico-cultural, "o pensamento é considerado uma atividade reflexiva sensorial e mediada por signos incorporada na corporeidade de ações, gestos e artefatos" (RADFORD, 2010, p. 3).

Além disso, a maneira que um objeto se torna um objeto da consciência e do pensamento do aluno está de acordo com o material semiótico utilizado para promover essa consciência, ou seja, cada sistema semiótico tem seus limites de expressividade e aí reside um dos problemas educacionais enfrentados na Educação Matemática: Como fazer a transição de uma forma não simbólica para uma simbólica de pensamento algébrico?

E é nesse sentido que Radford (2010; 2018c) apresenta as camadas de generalidade, em que o desenvolvimento do pensamento algébrico é favorecido a partir da generalização que ocorre em algumas situações matemáticas, bem como pelos recursos materiais e semióticos que são mobilizados pelos estudantes e professores na sala de aula

Segundo Radford (2018c), são três tipos de pensamento algébrico que acompanham as diferentes camadas de generalidade. O primeiro tipo é denominado de "pensamento factual", que é identificado pela capacidade de o aluno tratar com fatos apresentados na situação algébrica considerada, mas se limitando a gestos e palavras restritas a algumas particularidades da situação.

Para exemplificar esse tipo de pensamento, Radford (2010) apresenta um exemplo de sequência de figuras (Figura 1) que foi utilizada em uma pesquisa longitudinal conduzida de 1998 a 2003 e que acompanhou quatro turmas de estudantes no Canadá. A primeira tarefa dada utilizando essa sequência de figuras foi descobrir como seria o desenho nas figuras 4 e 5 dessa sequência, e além disso, descobrir o número de círculos que viriam a compor as figuras 10 e 100 da mesma sequência.

Figura 1: Sequência de figuras utilizada na pesquisa

Fonte: Radford (2010, p. 6).

Segundo os dados produzidos nessa pesquisa, os alunos conceberam cada uma das figuras divididas em duas linhas, uma linha superior e uma linha inferior. E por observações perceptivas feitas nas três figuras dadas, os alunos objetivaram uma regularidade que consiste em relacionar o número da figura e o número de círculos em cada uma de suas linhas. Entretanto, perceber uma regularidade não garante uma generalização.

Na Figura 2, Radford (2010) explicita uma sequência de gestos de um dos alunos que apontando cada figura da sequência de maneira a acompanhar o gesto com uma fala "explicativa" sobre o que está entendendo, demonstra um primeiro processo de objetivação, em que relaciona o número da figura e o número de círculos na linha superior de cada uma das figuras da sequência dada.

Figura 2: Sequência de gestos feitos pelo estudante

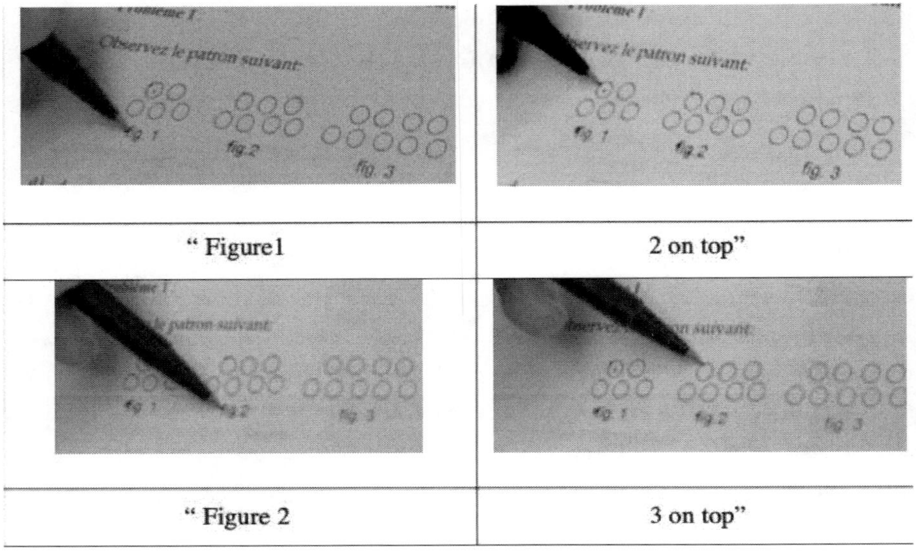

" Figure 1	2 on top"
" Figure 2	3 on top"

Fonte: Radford (2010, p. 6)

Assim, a reflexão realizada pelo aluno no pensamento algébrico factual comumente "se apoia em mecanismos de percepção altamente evoluídos e em uma sofisticada coordenação rítmica de gestos, palavras e símbolos. A apreensão da regularidade e da imaginação das figuras no decorrer da generalização resulta e permanece ancorada em um profundo processo sensorial mediado" (RADFORD, 2010, p. 7, tradução nossa).

O segundo tipo de pensamento algébrico que Radford (2018c) identifica é o *pensamento contextual*. Nesse outro tipo de pensamento, o aluno, ao tentar resolver a situação proposta, utiliza alguns símbolos e linguagens, como a linguagem materna, para tratar a indeterminação, ou seja, ele consegue descrever a resolução de um dado problema fazendo uso de formas reduzidas de expressão.

O pensamento contextual pode ser mais bem compreendido quando continuamos a visitar o exemplo dado em Radford (2010), em que foi proposta uma segunda tarefa aos estudantes ainda utilizando a sequência de figuras que apresentamos na Figura 1. Na segunda tarefa foi solicitado que os alunos escrevessem uma mensagem de uma "figura geral", ou seja, eles deveriam adentrar em um nível mais profundo de objetivação, além da ação e da percepção características do pensamento algébrico factual.

Uma das respostas dadas foi: "Você adiciona 1 [círculo] na parte superior e 1 na parte inferior." Outra resposta que também se mostra pertinente nessa pesquisa foi dada por outro estudante: "Você tem que adicionar mais um círculo do que o número da figura na linha superior e adicionar mais um círculo do que a linha superior ao da parte inferior" (RADFORD, 2010).

Esses exemplos de escrita explicitam sentenças processuais, que podem ser vistas como fórmulas, e são muito diferentes da reflexão obtida no pensamento factual. Enquanto anteriormente, os alunos apresentavam ritmo, falas e gestos para explicar sua forma de pensar, neste tipo de pensamento contextual são utilizadas palavras, no caso as usuais na língua materna, para descrever objetos no espaço, tais como superior e inferior, e relacioná-las com o número da figura na sequência dada. Nesse caso, a possível fórmula algébrica é de fato uma descrição do termo geral, apresentando como uma pessoa poderia desenhar ou imaginar um termo genérico.

O terceiro tipo de pensamento algébrico relacionado por Radford (2018c) é o *pensamento padrão*. Nele, o aluno consegue trabalhar com expressões alfanuméricas para representar e resolver problemas algébricos na busca por uma generalização simbólica. Essa forma de entender o pensamento algébrico revela como os alunos atribuem significado às fórmulas, que costumam aparecer como "narrativas vividas" (RADFORD, 2010).

É importante discutir um pouco mais sobre uma das características do pensamento algébrico. Muitas vezes os alunos podem apresentar alguma fórmula para uma determinada situação de generalização que parecem algébricas, por conter letras. Mas, é preciso perceber como essas possíveis fórmulas foram obtidas. Se foi obtida por tentativa e erro, e pareceu funcionar nos poucos casos em que os alunos testaram, esse procedimento não é baseado em uma maneira analítica de pensar sobre quantidades indeterminadas, é mais um tipo de indução aritmética.

Para Radford (2010, p. 10, tradução nossa), "a fórmula não é um artefato de cálculo simbólico abstrato, mas sim uma história que narra, de uma maneira altamente condensada, a experiência matemática dos alunos. Em outras palavras, a fórmula é uma narrativa.". Assim, o problema que surge é como transformar o significado das fórmulas vinculado às figuras em algo que não tenha relação direta com as figuras, ou seja, o significado deve apresentar uma relação abstrata apenas entre as letras e números.

Quando observamos a sequência de figuras que Radford (2010) utilizou na pesquisa (Figura 2), notamos que a experiência matemática conjunta dos alunos os prepara para a utilização dos signos convencionalmente utilizados na matemática. Logo, no pensamento algébrico padrão, uma letra simbólica "n" representaria uma contração semiótica do número da figura, o que nos possibilita na matemática, por exemplo, a expressar a quantidade de círculos existentes na sequência de figuras utilizada no estudo de Radford (2010), através da fórmula recursiva $a_n = a_{(n-1)} + 2$.

A tipologia apresentada por Radford (2018c) depende do contexto e do problema proposto aos alunos, e um aluno pode ir e vir ao longo desses três tipos de pensamento. Assim, a tipologia busca "compreender os processos pelos quais os alunos passam no contato com as formas de ação, reflexão e raciocínio veiculadas pela práxis historicamente constituída da álgebra escolar." (RADFORD, 2010, p. 15, tradução nossa).

A partir dos referenciais que explicitamos neste capítulo, observamos que a formação de professores que estávamos a propor tal como descrevemos nos próximos capítulos, necessariamente precisava considerar esses dois pilares que discutimos até aqui, os estudos sobre inclusão e equidade na Educação Matemática e o desenvolvimento do pensamento algébrico. É a partir desses dois pilares que edificamos uma trilha formativa que possibilitasse reflexões próximas da realidade educacional vivenciada pelos professores brasileiros.

Capítulo 3

Desenvolvimento da pesquisa: a produção dos aplicativos

A formação continuada de professores é uma das ações que frequentemente temos efetivado no grupo de pesquisa *ForProfMat*, mas assim como anunciamos no primeiro capítulo, neste livro nos ocupamos em compartilhar uma macropesquisa envolvendo três projetos complementares entre os anos de 2020 e 2021. Dentre as várias ações de formação continuada que temos realizado, selecionamos a que se efetivaram durante a pandemia da Covid-19 e que se complementaram em sua temática, ou seja, tinham como objetivo geral refletir sobre a formação de professores que aborda o desenvolvimento do pensamento algébrico no campo da educação inclusiva.

Conforme apresentamos no Quadro 3, desenvolvemos dois projetos vinculados a um programa de financiamento da PUC-SP e que tem como finalidade apoiar atividades extensionistas que buscam intensificar a presença da universidade em ações junto à comunidade externa, permitindo fortalecer o caráter comunitário e filantrópico da instituição (PONTIFÍCIA UNIVERSIDADE CATÓLICA DE SÃO PAULO, 2019; 2020), e um projeto desenvolvido com apoio e financiamento da Sociedade Brasileira de Educação Matemática (SBEM), em um programa de formação em rede que promove a formação continuada e em serviço, de professores da educação básica – FormAção (SOCIEDADE BRASILEIRA DE EDUCAÇÃO MATEMÁTICA, 2020).

Quadro 3: Projetos desenvolvidos durante a pesquisa

PERÍODO DE REALIZAÇÃO DO PROJETO	TÍTULO DO PROJETO	LINHA DE FINANCIAMENTO
1° e 2° Semestre de 2020	*Novas perspectivas para atividades envolvendo álgebra: uso de aplicativos na educação matemática inclusiva*	Plano de Incentivo a Projetos de Extensão (PIPEXT) da PUC-SP, através do Edital 6902/2019
1° Semestre de 2021	*Práticas matemáticas inclusivas nos Anos Iniciais: Reflexões geradas na Educação Especial*	Programa FormAção da Sociedade Brasileira de Educação Matemática (SBEM), através do Edital SBEM-DNE 01/2020
2° Semestre de 2021	*Desenvolvimento de ideias matemáticas com uma perspectiva inclusiva por meio de aplicativos*	Plano de Incentivo a Projetos de Extensão (PIPEXT) da PUC-SP, através do Edital 8702/2020

Fonte: Arquivo dos pesquisadores.

Nosso primeiro objetivo específico da macropesquisa, em que analisamos os dados produzidos nesses três projetos, era desenvolver um conjunto de atividades envolvendo conteúdos algébricos, e que fosse disponibilizado como aplicativos para celular. Para o alcance desse objetivo específico, produzimos aplicativos que potencializam o ensino e a aprendizagem de matemática, e que poderiam ser instalados e utilizados em dispositivos eletrônicos móveis com o sistema operacional Android. Seguimos este capítulo apresentando como procedemos no desenvolvimento desses aplicativos.

3.1. O desenvolvimento dos aplicativos

Para o desenvolvimento dos aplicativos buscamos consonância com os princípios do DUA, abordagem que detalhamos no primeiro capítulo. Durante o desenvolvimento desses aplicativos, tivemos uma especial atenção à interface com o usuário quanto das opções de personalização, maximizando os aspectos de acessibilidade (FERREIRA, MANRIQUE, 2020). Destarte, assumimos como fundamentação metodológica para a criação técnica dos aplicativos os pressupostos do *User Experience Design*[6], tais quais propostos por Garrett

---

6   O termo *User Experience Design*, abreviado como *UX Design*, é uma metodologia de projeto digital a qual é centrada na experiência do usuário.

(2011), pois buscávamos atender às necessidades dos estudantes público-alvo da Educação Especial enquanto usuário.

A proposta de Garrett (2011) é baseada em cinco etapas no design de um recurso digital, as quais são nomeadas por "planos": plano da estratégia, plano do escopo, plano da estrutura, plano de esqueleto e plano de superfície. De acordo com o autor, nessa dinâmica de ação, a passagem de um plano a outro leva de questões mais abstratas a outras mais concretas, sendo que no plano mais baixo, por exemplo, a preocupação se dá no âmbito do atendimento que o recurso pode oferecer às necessidades do usuário, enquanto no plano mais alto, a principal preocupação refere-se os detalhes concretos, isto é, a aparência do recurso.

Figura 3: Plano do design de um recurso digital na perspectiva do *UX Design*

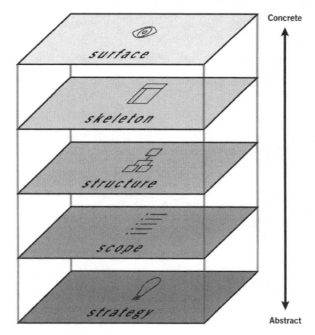

Fonte: Garret (2011, p. 24).

Transpondo a dinâmica proposta por Garret (2011) para nosso trabalho de criação dos aplicativos, o plano da estratégia foi implementado considerando dois fatores: (1) os objetivos do recurso digital e (2) as necessidades dos usuários potenciais, ou seja, dos educandos público-alvo da Educação Especial, quando lhes são apresentados os objetos matemáticos previstos na unidade temática Álgebra da BNCC.

Optamos por desenvolver um recurso que considerasse as ideias fundamentais da matemática tal como são relacionadas na BNCC, e que segundo esse documento, são definidas em sete ideias que se articulam entre si a fim de promover o desenvolvimento do pensamento matemático: equivalência, ordem, proporcionalidade, interdependência, representação, variação e aproximação (BRASIL, 2017a). Dentre essas sete ideias fundamentais, selecionamos quatro para compor o nosso foco no desenvolvimento dos aplicativos: equivalência, interdependência, proporcionalidade e variação. O desejo de desenvolvermos um recurso no qual fosse possível trabalhar com diferentes ideias nos trouxe a possibilidade de desenvolvermos um conjunto de aplicativos, cada qual com foco mais específico. Optamos pela elaboração de seis aplicativos.

Passando ao plano do escopo, procuramos estipular quais seriam as características gerais necessárias aos aplicativos. Para isso, retomamos no processo de criação dos aplicativos os três princípios do DUA, e que assim como já descrevemos no Capítulo 1, são: (1) Fornecer múltiplos meios de engajamento (o 'porquê' da aprendizagem); (2) Fornecer múltiplos meios de representação (o 'o quê' da aprendizagem); (3) Fornecer múltiplos meio de ação e expressão (o 'como' da aprendizagem). Tendo por base esses princípios, listamos algumas características desejáveis, conforme apresentamos no Quadro 4.

Quadro 4: Características desejáveis no desenvolvimento dos aplicativos

Característica desejável	Motivação
Proposição de um único tipo de tarefa por aplicativo.	Manutenção da objetividade e simplicidade.
Características lúdicas de jogo.	Promover o engajamento por meio da ludicidade.
Comunicação simples e assertiva.	Direcionar os esforços do educando para o desenvolvimento do pensamento algébrico e não para a interpretação de comandos.
Facilidade de implementação em termos do trabalho de programação.	Desenvolvermos uma versão inicial sem necessidade de auxílio de especialista em computação.
Baixa demanda de tecnologia do ponto de vista do aparelho a ser utilizado.	Ampliação da compatibilidade com aparelhos diversos.
Uso de rede de dados não necessário.	Permitir a utilização mesmo sem acesso à Internet.

Fonte: Arquivo dos pesquisadores.

Ao estabelecermos essas características, foi possível avaliar e eleger plataformas que se mostravam adequadas às nossas aspirações para o desenvolvimento dos aplicativos e que, além dessa adequação, também fossem gratuitas para a produção do recurso digital. Nessa avaliação, identificamos duas plataformas que foram definidas para o processo de desenvolvimento dos aplicativos: *MIT App Inventor 2.0* e *Kodular*. Ambas as plataformas permitem o desenvolvimento de aplicativos que podem ser utilizados no sistema operacional Android, e como característica comum, são ambientes de programação visual[7], o que exigia poucos conhecimentos de programação do grupo de pesquisa.

A escolha do *MIT App Inventor 2.0* e do *Kodular* para a criação dos aplicativos é justificada pela presença marcante desses ambientes em diversos trabalhos já publicados na Educação Matemática (BECKER; KARKOW, 2020; CIORUTA; COMAN; CIORUTA, 2018; ELIAS; ROCHA; MOTTA, 2017; GÖKÇE; YENMEZ; ÖZPINAR, 2017; PRABOWO; RAHMAWATI; ANGGORO, 2019).

Além disso, esses ambientes têm características favoráveis para a proposta que se montava no plano do escopo durante o desenvolvimento dos aplicativos, sendo algumas dessas características já discutidas na literatura, como por exemplo: (1) a plataforma é gratuita e intuitiva: a programação visual gratuita permite criar aplicativos para celular juntando blocos como se fossem peças de quebra-cabeça; (2) os testes em tempo real e desenvolvimento incremental: possibilidade de ver e testar as criações enquanto são desenvolvidas; (3) a comunidade de usuários: estudantes, professores, desenvolvedores, entusiastas e empresários desenvolvem aplicativos de forma colaborativa; (4) o código aberto: qualquer pessoa pode modificar, personalizar e estender a funcionalidade do sistema; e (5) o foco em um único sistema operacional: os aplicativos são executados apenas no sistema Android, favorecendo mais

---

7   Ambiente de programação visual é um ambiente de programação baseado em blocos visuais e gráficos para a criação de programas (JOÃO *et al.*, 2019). Alguns autores denominam esse tipo de ambiente como *Novice Programming Environment*, ou seja, um ambiente de programação para iniciantes que, geralmente, tem como usuários crianças, jovens e adultos que não estão incorporados na carreira da ciência da computação, mas que manipulam esse tipo de ambiente a fim de desfrutar de um processo criativo de projetar em um ambiente de codificação de computador, interagindo e compartilhando o que produz com outros usuários (GOOD, 2011; JACQUES, 2017).

funcionalidade ao usuário final (HERRO; McCUNE-GARDNER; BOYER, 2015; POKRESS; VEIGA, 2013).

Além disso, passamos a considerar a possibilidade de que os professores poderiam, por si mesmos, aprimorar e desenvolver aplicativos como recursos didáticos. A criação de aplicativos utilizando os ambientes *MIT App Inventor 2.0* e *Kodular* se mostravam com essa potencialidade, possibilitando que os professores, após uma vivência e experimentação de aplicativos criados nessas plataformas, fossem estimulados a exercitar um novo fazer docente utilizando tais ambientes de programação visual.

Seguindo as etapas propostas por Garret (2011), alcançamos o plano de estrutura, momento do desenvolvimento dos aplicativos em que passamos a considerar quais seriam as formas pelas quais as características desejáveis poderiam se efetivar. Consolidamos a estrutura com seis aplicativos de jogos simples: três deles sendo jogos da memória e outros três sendo jogos de associação de elementos relacionados. Determinamos ainda que os jogos da memória tratariam de equivalência entre expressões numéricas e algébricas, dois dos jogos de associação exploraria a relação entre figuras e quantidades e o outro a representação do tempo em relógios analógicos e digitais. Após finalizarmos o plano de estrutura, partimos para o plano de esqueleto, no qual efetivamente desenvolvemos os aspectos computacionais dos aplicativos (Figura 4). Para a criação dos aplicativos foram consideradas as características desejáveis e que foram relacionadas no plano do escopo.

Figura 4: Captura de uma das telas durante o desenvolvimento dos aplicativos no ambiente *MIT App Inventor 2.0.*

Fonte: Arquivo dos pesquisadores.

O trabalho com as plataformas evidenciou outras necessidades de ordem prática e que impactariam diretamente na programação dos aplicativos. Primeiramente, surgiu a exigência de estabelecer quais seriam as respostas dadas aos usuários em caso de acerto ou erro e, amparados pelos preceitos do DUA, optamos por fornecer devolutivas sempre de modo a estimular positivamente os usuários: "Parabéns!" para os casos de acerto e "Continue tentando!" para os casos de erro. Surgiu também a possibilidade de implementarmos diferentes níveis de dificuldade. Ainda norteados pelo DUA, atentamos que os níveis possibilitariam o trabalho com a diversidade dos educandos em sala haja vista seus diferentes estágios de desenvolvimento do pensamento algébrico: em um mesmo grupo ou turma cada estudante pode acessar um nível diferente, mas mantendo a temática única para o coletivo.

Constituída e testada a estrutura algorítmica dos aplicativos, atingimos a última etapa: o plano de superfície. Aqui, conforme os pressupostos de Garrett (2011), são observados os aspectos mais concretos, portanto a acessibilidade e a aparência são questões concernentes a esse tema. Estabelecemos algumas diretrizes para a aparência e a forma de interação do aplicativo, conforme Quadro 5.

Quadro 5: Diretrizes para a aparência dos aplicativos

Aparência	Justificativa
Utilização de letras maiúsculas.	Visando trabalho com educandos em fase de alfabetização ou que possuam dificuldades de leitura.
Opção por fontes do tipo imprensa e de tamanho grande.	Facilitar a leitura de educandos que apresentem dificuldades no âmbito visual.
Contraste evidente das cores utilizadas e opção de inversão de cores.	Apoiar educandos com dificuldades no âmbito visual.
Quantidade reduzida de informações em tela.	Visando manutenção do foco de educandos com características de fácil dispersão.
Utilizar figuras em diferentes posições	Estimular os educandos a reconhecerem quantidades ou padrões mesmo em imagens aparentemente desordenadas.

Fonte: Arquivo dos pesquisadores.

Presumindo tão somente grupos estudantes público-alvo da Educação Especial, já é possível perceber a enorme diversidade que podemos alcançar na utilização dos aplicativos: educandos autistas[8], cegos, com baixa visão, surdos, com surdocegueira etc. Contudo, devemos lembrar que há ainda estudantes que, no Brasil, não são considerados público-alvo da Educação Especial e, apesar disso, possuem também particularidades em seus processos de aprendizagem como, por exemplo, os estudantes com o Transtorno do Déficit de Atenção com Hiperatividade (TDAH) ou aqueles em situação de vulnerabilidade social.

Reconhecendo a presença dessa diversidade em sala de aula, adotamos elementos do DUA como norteadores teóricos para fundamentarem a utilização dos aplicativos na sala de aula. O DUA, tal qual descrito por Rose *et al.* (2014), tem como preceito assegurar que o acesso ao ensino seja efetivo para todos com base na oferta de múltiplos meios de engajamento, representação, ação e expressão. Portanto, como ressaltam Oliveira, Munster e Gonçalves (2019), ao desenvolvermos os aplicativos adotando elementos do DUA, consideramos

---

8   Utilizamos a expressão "estudante autista", em vez de "estudante com autismo" ou "estudante com Transtorno do Espectro Autista (TEA)", se fundamentando nos pressupostos do movimento da neurodiversidade (ORTEGA, 2008; 2009; TROTT, 2015), e com a finalidade de acompanhar as transformações no estilo de escrita que advém do novo campo terminológico que assumimos e defendemos nos estudos e pesquisas que investigam o autismo na Educação Matemática (VIANA; MANRIQUE, 2023).

os estudantes em sua individualidade, atentando para suas peculiaridades de modo a aproveitar e potencializar sua forma de aprender.

Foi partindo dessa reflexão, que após o desenvolvimento dos aplicativos, discutimos sobre o quanto esses recursos representavam em si mesmos o alcance do nosso primeiro objetivo específico na pesquisa, "desenvolver um conjunto de atividades envolvendo conteúdos algébricos, e que fosse disponibilizado como aplicativos para celular". É nesse entendimento que não concebemos os aplicativos como versões acabadas, finalizadas, mas sim como recursos digitais que, na primeira versão, precisavam de uma experimentação e avaliação feita pelo professor de educação básica. A efetivação de uma atividade que envolvesse conteúdos algébricos e, que assim como tínhamos explicitado no objetivo geral da pesquisa, se concretizasse com uma perspectiva inclusiva, só seria possível aliando a manipulação do aplicativo com outros recursos, estratégias e elementos que, no conjunto, permitem a constituição de um ambiente inclusivo no ensino e aprendizagem de matemática.

Assim, para o desenvolvimento dos três projetos que fizeram parte da nossa macropesquisa, prevíamos a experimentação e avaliação dos aplicativos pelos professores de educação básica participantes. No próximo capítulo, descrevemos esse movimento de formação continuada e a forma como os aplicativos foram manipulados pelos professores!

Capítulo 4

Desenvolvimento da pesquisa: a realização de três projetos

A fim de alcançarmos o nosso segundo objetivo específico na pesquisa, "oferecer formações aos professores que ensinam matemática a fim de apresentar os aplicativos desenvolvidos pelo grupo", apresentamos os aplicativos que desenvolvemos com mais de 300 professores de diferentes cidades de todas as regiões brasileiras através da execução de três projetos que se complementaram nos nossos propósitos. Nesses projetos foi possível não apenas dialogarmos sobre os seis aplicativos que tínhamos desenvolvido no grupo *ForProfMat*, como também ampliar uma reflexão em que os professores avaliaram a potencialidade pedagógica e didática de cada um deles. A seguir, fazemos uma breve descrição sobre o desenvolvimento de cada um desses projetos.

4.1. Primeiro Projeto: Novas perspectivas para atividades envolvendo álgebra: uso de aplicativos na educação matemática inclusiva

Para o desenvolvimento do primeiro projeto, o grupo de pesquisa desenhou uma trajetória de desenvolvimento que consistia na concretização de três fases. Cada fase contemplava etapas que possibilitavam tanto momentos de aprofundamento teórico sobre o conteúdo abordado como a articulação com os professores de educação básica participantes da formação continuada. Neste primeiro projeto foi prevista a realização da formação na segunda fase do seu desenvolvimento (Quadro 6).

Quadro 6: Fases de desenvolvimento da primeira formação de professores

1ª Fase	1ª Etapa: Revisão de literatura sobre o pensamento algébrico e identificação de possibilidades na utilização de plataformas digitais
	2ª Etapa: Reuniões com o grupo de pesquisa para idealização e desenho de um conjunto de atividades envolvendo conteúdos algébricos
	3ª Etapa: Desenvolvimento técnico das atividades idealizadas com a participação de pessoas que conhecem linguagem de programação
2ª Fase	1ª Etapa: Acompanhamento e análise da resolução das atividades propostas nos aplicativos por professores que ensinam Matemática
	2ª Etapa: Idealização de formações de professores com apresentação e exploração das atividades e dos aplicativos construídos
	3ª Etapa: Realização de formações de professores para apresentar e discutir didaticamente as atividades propostas nos aplicativos para serem utilizadas no Ensino Fundamental com uma perspectiva inclusiva
3ª Fase	1ª Etapa: Análise dos dados produzidos
	2ª Etapa: Elaboração do relatório de pesquisa e de artigos científicos e capítulos de livros.

Fonte: Arquivo dos pesquisadores.

O projeto previa a execução da primeira fase no último semestre de 2019 e da segunda fase, no primeiro semestre de 2020, sendo que seria na segunda fase a efetivação da formação de professores. Nesse planejamento, contávamos com a realização de quatro encontros presenciais com a participação de 30 professores que atuassem no ensino e na área do conhecimento de matemática na etapa do ensino fundamental da educação básica. Após um intenso período de idealização, planejamento e produção de recursos durante a primeira fase, elaboramos material de divulgação que foi compartilhado nas mídias sociais com dois meses de antecedência do início dos encontros presenciais

Entretanto, obtivemos 148 inscrições e, a fim de alcançar todos os professores que manifestaram interesse em participar dos encontros de formação continuada, resolvemos fazer uma adaptação, flexibilizando o planejamento inicial de forma a promover alterações nos tempos e nos espaços que permitissem a realização e acolhimento adequado de todos os interessados que pudessem comparecer.

O primeiro encontro estava programado para o dia 07 de março de 2020, e como previsto, aconteceu de maneira presencial no anfiteatro do *Campus* Consolação da PUC-SP, com a presença de 118 professores. O primeiro encontro presencial foi composto por três momentos: (1) Momento de difusão de conhecimento; (2) Momento de reflexão acerca dos saberes e experiências; e (3) Momento de interação e sinergia.

No primeiro momento, denominado "difusão de conhecimento", foi apresentado aos professores a proposta de formação continuada que estava sendo iniciada naquele encontro e uma introdução teórica sobre os tópicos que seriam abordados durante os encontros, os quais se concentravam nas noções de educação inclusiva, equidade, ensino de matemática com perspectiva inclusiva e Educação Especial.

Figura 5: Professores participantes no anfiteatro do *campus* durante o primeiro momento.

Fonte: Arquivo dos pesquisadores.

No segundo momento, denominado "reflexão acerca dos saberes e experiências", os professores participantes foram divididos em cinco grupos de trabalho que, por um determinado tempo acordado, se alternavam entre cinco estações de trabalho, sendo que em cada estação era proposta uma atividade específica. Para que todos os grupos tivessem a vivência nas cinco estações de trabalho, seguimos uma prática de metodologia ativa que comumente é conhecida como rotação por estações.

Na rotação por estações há uma disponibilização de estações de trabalho, cada qual com diferentes propostas de ação, sendo que os grupos fazem um rodízio dentre essas estações para que cumpram as tarefas que são propostas em cada uma delas. Trata-se de um modelo ativo de aprendizagem amplamente defendido por diferentes autores (BACICH; NETO; TREVISANI, 2015; BACICH; MORAN, 2018; GIORDANO; SILVA, 2017).

As cinco estações de trabalho vivenciadas pelos grupos de trabalho foram: (1) Estudo de caso; (2) Comunicação no ensino de matemática; (3) Planejamento articulado; (4) Oficina; (5) Aplicativos. Os grupos de trabalho circulavam pelo *campus* da universidade, e a cada quarenta e cinco minutos, trocavam de estação de trabalho (Figura 6).

Figura 6: Circuito de estações de trabalho vivenciadas pelos professores participantes

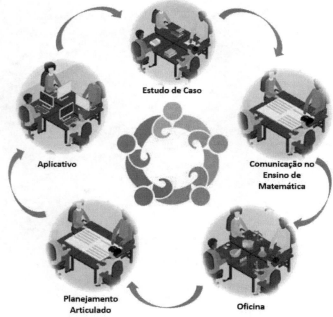

Fonte: Arquivo dos pesquisadores.

As estações de trabalhos e as respectivas ações propostas foram as discriminadas no Quadro 7.

Quadro 7: Estações de trabalho e as respectivas ações propostas.

ESTAÇÃO	AÇÃO PROPOSTA NA ESTAÇÃO
Estudo de Caso	Foi proposta a leitura de um caso fictício e que abordava uma situação de inclusão escolar de um estudante público-alvo da Educação Especial no Ensino Fundamental e em uma situação de ensino e aprendizagem de matemática para esse estudante. Após a leitura do caso, o grupo registrava uma resposta para uma questão que era feita pelos mediadores da estação.
Comunicação no ensino de matemática	Foi apresentado um recurso que tem como objetivo inicial viabilizar a comunicação entre professores que ensinam matemática e estudantes público-alvo da Educação Especial que apresentam necessidades específicas na interação em sala de aula. Os professores participantes exploraram o recurso e leram uma ficha informativa sobre o recurso com uma breve descrição sobre o seu respectivo uso. Ao final, registraram possíveis dúvidas e comentários sobre a utilização do recurso para um posterior discussão.
Planejamento articulado	Foi proposta a leitura de um caso fictício de articulação entre um professor que ensina matemática e um professor especialista da Educação Especial. Após o caso, o grupo fez o preenchimento de um planejamento didático que se relaciona ao caso fictício lido e que tinha como cerne o exercício de uma ação articulada e interdisciplinar entre a Educação Matemática e a Educação Especial.
Oficina	Foi proposta a confecção em grupo de um recurso que potencializava o ensino de matemática na perspectiva inclusiva. A confecção foi realizada utilizando materiais que eram disponibilizados na estação e uma ficha apresentando o passo-a-passo para a sua respectiva confecção. Ao final, cada professor tinha um recurso confeccionado e que podia ser utilizado na instituição de ensino em que o professor participante atua.
Aplicativos	Foi proposta a exploração de um dos aplicativos produzidos pelo grupo de pesquisa. O aplicativo foi disponibilizado para ser instalado nos dispositivos móveis e os professores tiveram a tarefa de conhecer os aplicativos e registrar possíveis comentários ou dúvidas quanto ao seu uso em uma situação de ensino de matemática com uma perspectiva inclusiva.

Fonte: Arquivo dos pesquisadores.

Em cada estação de trabalho, tínhamos membros do grupo de pesquisa *ForProfMat* orientando e mediando as ações que eram propostas (Figura 7).

Figura 7: Grupo de trabalho visitando a estação "Oficina"

Fonte: Arquivo dos pesquisadores.

No último momento do primeiro encontro presencial, denominado "interação e sinergia", os professores se reuniram no anfiteatro do campus da universidade, e participaram de um momento de roda de conversa para que todos tivessem a possibilidade de compartilhar suas impressões, registros pessoais e comentários sobre as atividades desenvolvidas durante o dia.

Após a realização do primeiro encontro presencial, tínhamos a proposta inicial de continuarmos o movimento de formação continuada com outros três encontros presenciais, no entanto, com a doença COVID-19 sendo caracterizada pela OMS como uma pandemia em 11 de março de 2020, não realizamos os demais encontros tal como tínhamos planejado.

Com o fechamento das instalações da PUC-SP para a realização de atividades presenciais, o nosso grupo de pesquisa se mobilizou por um período de três meses (abril a junho de 2020) no replanejamento das atividades pensadas inicialmente para o formato presencial, transformando-as em atividades que seriam realizadas no formato online. Assim, após o replanejamento e uma nova produção de material, decidimos realizar os encontros faltantes de maneira online.

Entretanto, ao invés de três encontros presenciais realizamos quatro semanas de atividades online, contemplando atividades assíncronas e 4 atividades síncronas identificadas como encontros online. Nas atividades síncronas, valorizamos uma discussão de natureza teórica e práticas sobre tópicos históricos e epistemológicos na utilização dos aplicativos apresentados durante o primeiro encontro.

Para os encontros online, tivemos 124 professores que participaram ativamente das atividades. As atividades síncronas foram realizadas nos dias 01, 08, 15 e 22 de agosto de 2020, utilizando o *Google Meet*, um sistema de comunicação por vídeo, e as atividades assíncronas foram estruturadas em quatro módulos que aconteceram no *Google Classroom*, que é um sistema de gerenciamento de conteúdo relacionado à área de educação. Com a utilização do *Google Classroom* para o desenvolvimento da formação continuada, foi possível disponibilizar vídeos e documentos explicativos, questionários, relatórios, bem como solicitar tarefas que eram realizadas pelos professores participantes (Figura 8).

Figura 8: Captura de duas das telas do ambiente *Google Classroom*, utilizado nas atividades assíncronas.

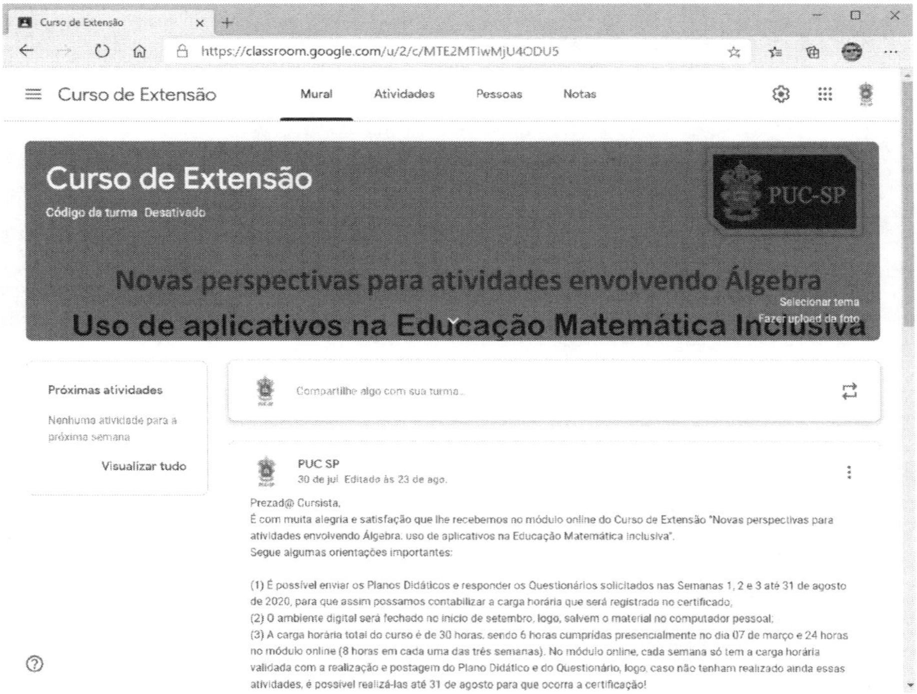

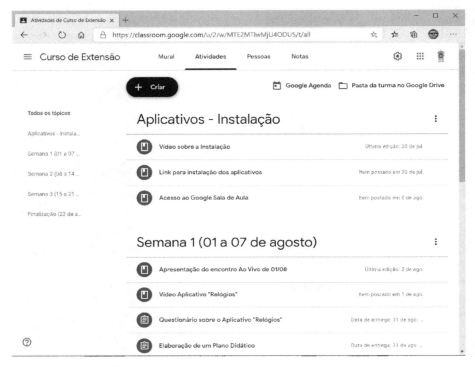

Fonte: Arquivo dos pesquisadores.

Para as atividades online, valorizamos a exploração dos aplicativos por nós produzidos durante os momentos de planejamento e replanejamento do projeto, mas sempre relacionado ao uso com os objetos de conhecimento previstos na BNCC (BRASIL, 2017a).

Durante o primeiro projeto que aqui descrevemos, valorizamos com os professores a exploração de três dos seis aplicativos desenvolvidos pelo grupo de pesquisa, tendo em vista as possibilidades técnicas de utilização dos aplicativos[9]. Os três aplicativos explorados no desenvolvimento do primeiro projeto foram: (1) Aplicativo Relógios; (2) Aplicativo Contagem; e (3) Aplicativo Correspondentes.

---

9   A disponibilização e utilização dos outros três aplicativos foi prejudicada tendo em vista que o grupo de pesquisa estava vivenciando o início da pandemia da COVID-19, que por sua vez, desestabilizou o movimento de produção técnica dos aplicativos, que até então ocorriam presencialmente. Logo, preferimos trabalhar com os professores apenas três desses aplicativos, que diferentemente dos demais, já se encontravam em uma versão satisfatória para experimentação pelos professores.

O Aplicativo Relógios (Figura 9) foi apresentado como um recurso que, associado a outras atividades, permitia (1) exercitar a ideia de variação utilizando símbolos diversos, (2) exercitar as regularidades dos elementos que constituem o conjunto das "coisas" que são substituídas pela variável, e (3) exercitar a ideia de variação em uma situação específica do cotidiano.

Figura 9: Captura de uma das telas do Aplicativo Relógios

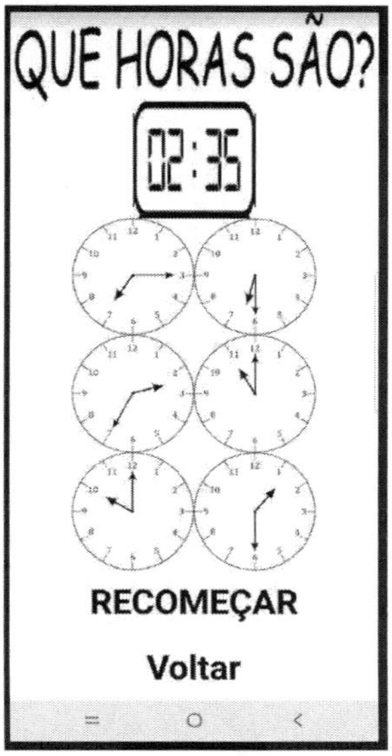

Fonte: Arquivo dos pesquisadores

Já o Aplicativo Contagem (Figura 10), foi discutido com os participantes de modo a pensar na sua utilização como atividade prévia no ensino de álgebra, permitindo: (1) identificar quais são as necessidades e potencialidades nos procedimentos de contagem apresentados pelos estudantes, (2) diversificar estratégias de contagem e de cálculo mental, e (3) exercitar a percepção no desenvolvimento da ideia matemática de interdependência.

Figura 10: Captura de uma das telas do Aplicativo Contagem

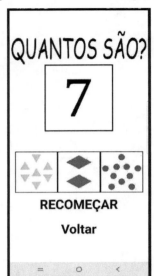

Fonte: Arquivo dos pesquisadores.

O terceiro aplicativo discutido com os participantes foi o Aplicativo Correspondentes (Figura 11), o qual possibilitava: (1) introduzir o raciocínio com proporções, (2) desenvolver o raciocínio comparativo por meio de um processo de níveis múltiplos, e (3) introduzir a linguagem algébrica no pensamento matemático.

Figura 11: Captura de uma das telas do aplicativo Correspondentes

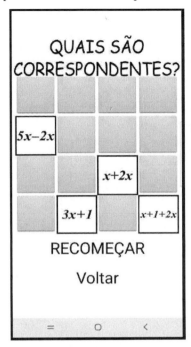

Fonte: Arquivo dos pesquisadores.

Desse modo, nos encontros presenciais e online buscou-se discutir a complexidade da estrutura da atividade realizada em sala de aula durante o ensino de matemática, considerando aspectos didáticos e de conteúdo, utilizando os aplicativos produzidos. Além disso, problematizou-se as tensões existentes no desenvolvimento de atividades em salas de aulas no contexto de construção de uma escola inclusiva.

Para isso, apresentamos e discutimos com os professores características que eram comuns nos três aplicativos disponibilizados durante a formação (Quadro 8), de forma que os professores avaliassem quais seriam as alterações que consideravam ainda como necessárias para o desenvolvimento de outra versão dos mesmos aplicativos ou até mesmo de outros.

Quadro 8: Características comuns dos três aplicativos

(1) Utilização reduzida de textos e, quando necessário, escritos de forma objetiva, direta e em fonte imprensa maiúscula ("letra bastão"), visando contemplar estudantes com dificuldades no âmbito da leitura;

(2) Reduzir a paleta de cores utilizada visando a diminuição da quantidade de estímulos visuais diversos em um mesmo momento e eventuais dificuldades em relação a distinção de cores;

(3) Textos e figuras com uma significativa ampliação para proporcionar uma melhor visualização e diferenciação na tela;

(4) Opção de alternar entre diferentes contrastes de cores contemplando usuários com diferentes demandas em relação à visão;

Fonte: Arquivo dos pesquisadores.

No que se refere a característica (4) indicada no Quadro 8, os três aplicativos apresentavam, como tela inicial ao serem abertos no dispositivo móvel, a possibilidade de ser selecionada uma configuração denominada "dia" e outra "noite" (Figura 12). Enquanto a primeira configurava a tela com um fundo claro, a segunda deixava a tela durante o uso do aplicativo com um fundo escuro. Tais contrastes são importantes para estudantes que apresentam diversas questões que lhes são particulares no que se refere a visão.

Figura 12: Tela de configuração de contraste dos aplicativos

Fonte: Arquivo dos pesquisadores.

A partir do desenvolvimento desse primeiro projeto, esperávamos que o cenário pandêmico que enfrentávamos no cotidiano fosse alterado, no entanto, observamos que ainda não era possível a realização de atividades presenciais como desejávamos.

Depois desse projeto, surgiu a possibilidade de desenhar um segundo projeto que se efetivasse de forma online, em parceria com outros três grupos de pesquisa de instituições de outros estados do país, a ser oferecido para professores dos anos iniciais do ensino fundamental de todo o Brasil. Esse projeto será detalhado nas próximas linhas.

4.2. Segundo Projeto: Práticas matemáticas inclusivas nos Anos Iniciais: Reflexões geradas na Educação Especial

O segundo projeto foi desenvolvido de maneira online e como parte de um programa de formação continuada FormAção, desenvolvido com apoio da SBEM, e através de um trabalho interinstitucional envolvendo quatro instituições de ensino superior: o Instituto Federal do Espírito Santo (IFES), a Pontifícia Universidade Católica de São Paulo (PUC-SP), a Universidade Estadual do Paraná (Unespar-PR) e a Universidade Federal do Rio de Janeiro (UFRJ)[10].

Dentro desse programa de formação, o nosso grupo de pesquisa teve a oportunidade de conduzir as atividades desenvolvidas em uma das semanas do programa, a Semana 4. Na Semana 4, o tema que abordamos foi o paradigma da neurodiversidade, que a partir de uma perspectiva sociológica, compreende o autismo como uma das formas de ser no mundo, sendo parte da identidade da

---

[10] Esse programa de formação foi desenvolvido por grupos de pesquisa dessas quatro instituições aqui descritas, e tinha como objetivos gerais (1) Oferecer uma ação extensionista para professores que ensinam Matemática nos Anos Iniciais em instituições de ensino brasileiras públicas e privadas; e (2) Apresentar e refletir sobre práticas recentemente discutidas em grupos de pesquisa da Educação Matemática. Todas as atividades nesse programa foram realizadas online entre 10 de abril e 05 de junho de 2021, sendo que dentro desse cronograma foram previstas cinco semanas em que todos os quatro grupos de pesquisa atuariam juntos e mais quatros semanas para que cada um dos quatro grupos atuasse exclusivamente com o desenvolvimento e mediação das atividades online. Destacamos que o segundo projeto que apresentamos neste livro evidencia apenas a Semana 4 desse programa de formação, que foi a semana em que o grupo de pesquisa *ForProfMat* atuou com o desenvolvimento e mediação das atividades propostas aos professores participantes. Mais detalhes e informações sobre o programa de formação em sua totalidade podem ser obtidos em Manrique *et al.* (2022a; 2022b).

pessoa e não como algo a ser tratado ou até mesmo curado. Durante a Semana 4 desse programa de formação, mediamos as atividades online com a apresentação e discussão dos aplicativos que já havíamos disponibilizado durante o primeiro projeto, mas que agora, se encontravam em uma segunda versão. Os três aplicativos passaram por algumas alterações que se deram principalmente na quantidade de níveis de dificuldade no Aplicativo Correspondentes e ajustes de natureza técnica já que em algumas situações apresentavam um *bug*, ou seja, um erro, uma falha.

Durante o desenvolvimento desse segundo projeto, tivemos a participação de 107 professores dos anos iniciais de educação básica das cinco regiões do nosso país. Durante a Semana 4, tivemos a possibilidade de desenvolver as atividades utilizando o ambiente *Modular Object-Oriented Dynamic Learning Environment (*MOODLE*)* que estava sendo utilizado pelas quatro instituições no oferecimento desse programa de formação e que estava instalado no Servidor Web da UFRJ. Apresentamos no Quadro 9 um detalhamento qualificado de como as atividades foram planejadas para a Semana 4.

Quadro 9: Detalhamento da Semana 4

SEMANA 4 (24 a 30 de abril de 2021) Grupo de pesquisa responsável: *ForProfMat*		
Temática abordada: *As diferenças no contexto da neurodiversidade: utilizando aplicativos no ensino de matemática* **Objetivos:** - Introduzir uma discussão sobre quais são os principais paradigmas que se constituíram ao longo dos anos para explicar o autismo; - Definir a neurodiversidade como um paradigma atual no campo do autismo considerando sua pertinência no campo do ensino; - Apresentar três aplicativos que foram produzidos para a aula de matemática e idealizados com uma perspectiva inclusiva; - Refletir sobre as possibilidades de utilizar aplicativos nas práticas que se constituem no ensino de matemática.	**Atividades Assíncronas:** - *Assistir um vídeo de apresentação das atividades da semana* - *Assistir um vídeo sobre a neurodiversidade e sua pertinência na Educação Matemática* - *Assistir um vídeo sobre a proposta de utilização de aplicativos no contexto da neurodiversidade* - *Fazer o download e experimentar três aplicativos criados pelo grupo de pesquisa ForProfMat* - *Responder um questionário online apontando quais foram as impressões com a experimentação dos aplicativos* **Material Complementar:** - *Disponibilização de um texto sobre a neurodiversidade no ensino de matemática produzido especificamente para o programa de formação e que irá considerar o perfil do grupo de participantes.*	**Atividade Síncrona:** - *Live realizada no dia 24 de abril*

Fonte: Arquivo dos pesquisadores.

Durante a Semana 4 abordamos a neurodiversidade, paradigma que define o autismo como parte da identidade da pessoa e não como algo a ser tratado ou até mesmo curado. Estudos que se enraízam nesse paradigma advogam o respeito, pois entendem o autismo como uma das diferentes formas de ser e se expressar no mundo, questionando assim as terapias, os medicamentos e a busca por uma possível cura. Associada a essa discussão, tivemos como proposta compartilhar os três aplicativos produzidos pelo grupo de pesquisa e que permitiram uma discussão mais sólida sobre o desenvolvimento de um trabalho didático mais inclusivo no ensino de matemática e que contemplaria as individualidades que emergem no paradigma da neurodiversidade.

A partir dessa semana em que nosso grupo de pesquisa atuou, foi possível continuarmos o nosso projeto, mas no âmbito desse programa de formação da SBEM, FormAção, o alcance foi potencializado, já que tínhamos a participação de professores de todo o território brasileiro, cada um contribuindo com suas impressões e observações sobre os aplicativos e a partir da realidade educacional em que estavam inseridos. Foi com essa ação, que efetivamos na Semana 4 de programa de formação, que notamos a possibilidade de desenvolvermos um terceiro projeto com a mesma dinâmica, ou seja, online, já que isso permitia a participação de professores de regiões distantes do *campus* da universidade, e essa distância, impossibilitava a participação desses professores caso as atividades fossem presenciais. Seguimos com a descrição do terceiro projeto!

4.3. Terceiro Projeto: Desenvolvimento de ideias matemáticas com uma perspectiva inclusiva por meio de aplicativos

Após um intenso período de idealização, planejamento e produção de material, assim como o trabalho do grupo de pesquisa para a finalização dos outros três aplicativos, realizamos a divulgação nas mídias sociais o oferecimento de um curso de extensão universitária que seria realizado no segundo semestre de 2021.

A proposta inicial era de oferecer o curso para 100 professores, entretanto, obtivemos 211 inscrições e, após avaliação sobre a possibilidade técnica e pedagógica, decidimos aceitar todos os inscritos, pois isso não alteraria nosso planejamento inicial e nem todos os inscritos conseguem participar da formação.

Utilizamos a plataforma MOODLE para o desenvolvimento das atividades de formação, mas neste terceiro projeto, foi utilizado o MOODLE instalado no Servidor Web da PUC-SP. Utilizando esse ambiente virtual, disponibilizamos um curso online com vídeos e documentos explicativos, questionários, relatórios, bem como a solicitação de tarefas que eram propostas aos professores participantes do curso (Figura 13).

Figura 13: Captura de tela de uma das páginas do curso na plataforma Moodle

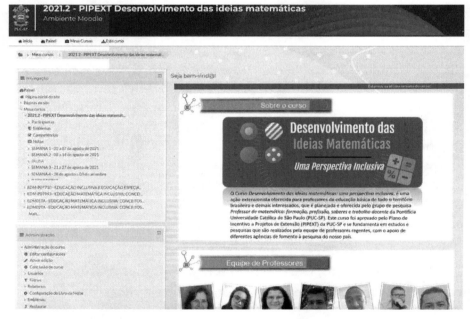

Fonte: Arquivo dos pesquisadores.

Para as atividades online, estimulamos a exploração dos três novos aplicativos produzidos pelo grupo de pesquisa e que foram denominados: MatComunica, Sorvetes e Correspondentes 1.0.

Na Figura 14 está disponibilizada uma tela do aplicativo MatComunica. Este aplicativo foi desenvolvido de forma a ser utilizado em oito níveis diferentes, mas que aumenta a complexidade conforme o aluno avança de um para outro. A tela apresentada na Figura 14 refere-se ao nível 1, em que o aplicativo apresenta uma expressão matemática, no caso *6+9=15*, e o aluno deve escolher qual das opções de texto corresponde à expressão matemática.

Figura 14: Captura de uma das telas do aplicativo MatComunica

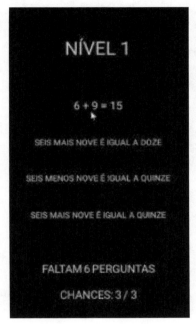

Fonte: Arquivo dos pesquisadores.

Na Figura 15 está disponibilizada uma das telas do aplicativo Sorvetes. Esse aplicativo foi pensado para ter sete níveis, que tem a complexidade aumentada conforme o aluno avança nos níveis. A tela apresenta uma sequência de sorvetes coloridos e o aluno deve determinar a cor do sorvete de um determinado número.

Figura 15: Captura de uma das telas do aplicativo Sorvetes

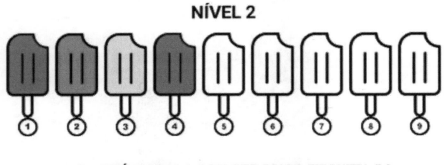

Fonte: Arquivo dos pesquisadores.

Na Figura 16 são apresentadas duas telas do aplicativo Correspondentes 1.0. Uma das telas corresponde ao primeiro nível, Aquecimento, no qual o áudio discrimina um número e o aluno deve escolher o número falado no áudio. Os demais níveis, nível 1 a 6, são do tipo jogo da memória com 16 cartas, que aumenta de complexidade conforme o nível. A segunda tela da Figura 16 é do nível 2, onde o aluno deve encontrar as duas cartas que se correspondem. No caso da tela, *6 – 4* é igual a *2* e a carta escolhida tem dois pedaços de bolo.

Figura 16: Captura de duas das telas do aplicativo Correspondentes 1.0

Fonte: Arquivo dos pesquisadores.

Os três aplicativos apresentados durante o terceiro projeto, resultam de um trabalho de pesquisa que passamos a desenvolver no grupo após a realização do primeiro em 2020, que se envolvia com elementos fundamentais para o aprimoramento dos aplicativos, o desenho de atividades, a cocriação e a experimentação em diferentes contextos.

Em relação ao curso oferecido, nos encontros online buscou-se discutir a complexidade da estrutura da atividade realizada em sala de aula, considerando aspectos didáticos e de conteúdo matemático, utilizando os aplicativos produzidos. Além disso, problematizou-se as tensões existentes no desenvolvimento de atividades em salas de aulas no contexto de construção de uma escola inclusiva com a discussão e proposição de um movimento de elaboração de planos e sequências didáticas que, com a utilização dos aplicativos, permitissem a efetivação da inclusão no ensino de matemática.

No próximo capítulo compartilhamos as principais discussões que surgiram com o desenvolvimento desses três projetos. Foram três projetos que o grupo de pesquisa *ForProfMat* desenvolveu entre 2020 e 2021, e que permitiu a realização de uma macropesquisa que se centrava em reflexões sobre a formação continuada dos professores que ensinam matemática.

Capítulo 5

As reflexões sobre a formação de professores

Neste capítulo fazemos uma reflexão sobre os dados que foram produzidos com a realização dos três projetos de formação que descrevemos no capítulo anterior, sendo essa reflexão a forma pela qual alcançamos o terceiro objetivo específico da nossa pesquisa, "analisar a interação do professor com as atividades disponibilizadas nos aplicativos".

5.1. Reflexões que surgiram com o desenvolvimento do primeiro projeto

Em relação ao primeiro projeto, destacamos alguns comentários registrados pelos participantes e identificados na produção de dados qualitativos[11], obtidos por meio de fóruns de discussão, questionários e planos didáticos. Esses professores salientam a pertinência das atividades realizadas e o resultado positivo no desenvolvimento das atividades propostas.

> Vejo o curso como muito positivo na utilização de novas tecnologias no ensino da matemática, gostei muito e com certeza me fez rever minha Prática Pedagógica. Acho que o ponto negativo ficou mesmo para a Pandemia que fez com que o curso precisasse de adaptações...

> Não tenho Críticas e minha única Sugestão é que o curso continue para que novos docentes tenham a mesma oportunidade de Aprendizagem que obtive.

> Este curso reforçou que temos que buscar sempre novos desafios, novas experiências e que na nossa profissão não podemos ficar parados, precisamos estar em busca do conhecimento, inovação, ressignificação.

> Me tornou uma professora de matemática e inclusiva, mais apta, com mais recursos, com mais ideias.

---

[11] Salientamos que, para preservar a identidade dos professores participantes e autores dos comentários e outros registros feitos com a entrega de tarefas em todos os projetos, os nomes foram suprimidos.

Alguns professores cursistas fizeram uma avaliação considerando o conteúdo de álgebra, abordado durante as atividades de formação e nos aplicativos. Nossa proposta era apresentar aplicativos que possibilitassem uma discussão, de forma lúdica, de objetos de conhecimento previstos na unidade temática de Álgebra da BNCC. É a partir dessa proposta que o grupo de pesquisa determinou que todos os aplicativos desenvolvidos seriam: como jogos de memória que abordam a equivalência entre expressões numéricas e algébricas, como jogos de associação que explorariam a relação entre figuras e quantidades, e o como uma atividade que abordaria a representação do tempo em relógios analógicos e digitais.

> O curso agregou conhecimentos e aprendizados que levarei para minha vida profissional e pessoal para sempre. Aprender que a álgebra pode ser ensinada de uma forma mais prazerosa, que os aplicativos vão me ajudar no ensino do pensamento algébrico e, como o mais importante de tudo, todos os alunos estão incluídos nessa aprendizagem.

> O curso foi excelente para nos mostrar as diversas formas de ensinar utilizando a tecnologia a nosso favor e auxiliando os alunos na aprendizagem da álgebra. O curso foi excelente, apesar de toda dificuldade por ter feito ele a distância, acredito que foi enriquecedor e vamos com certeza levar esse conhecimento para a sala de aula repassando para os alunos e fortalecendo a ideia de que a inclusão da tecnologia em sala de aula é muito importante não só na matemática como em todas as disciplinas.

Um aspecto apontado por um dos relatos de professores diz respeito a considerar que não estamos sozinhos em nossa prática pedagógica e que as dificuldades que enfrentamos não são só nossas, que não temos como ter o conhecimento total para atuar em sala de aula. Aqui discutimos o quanto precisamos reconhecer que não estamos sozinhos mesmo!!

> Só tenho elogios a fazer sobre o curso, através deste pude perceber que a dificuldade em lidar com situações inclusivas não é só minha, utilizarei os aplicativos nas minhas aulas de álgebra assim que possível, pois achei os jogos muitíssimos interessantes não apenas para

alunos especiais, mas também para alunos regulares que precisam de reforço.

Tem muitos professores que estão na mesma situação, enfrentam os mesmos obstáculos, sentem falta também de mais conhecimentos para abordar os problemas diários de sala de aula. Mas, existem muitos professores também que passaram por algumas dessas situações que estamos passando e querem compartilhar suas experiências, com as quais podemos encontrar saídas, soluções e metodologias para as situações que enfrentamos.

Também solicitamos que os professores cursistas realizassem uma avaliação dos três aplicativos utilizados no processo formativo. Algumas características dos aplicativos, que foram pensadas quando desenvolvemos, foram destacadas como pontos positivos: opções de cores das telas, não necessidade de uso da internet, diferentes objetos para as associações e tamanho das letras e números.

A mudança do claro para o escuro, essencial para a inclusão, ser colorido e de fácil instalação.

Não requer uso de internet, basta baixar no PC ou celular. Geralmente nas escolas não dispomos de internet em todos os dispositivos.

Diversificação de cores e formas, bem como da disposição dos elementos que permitem diversas formas de contagem.

Caracteres grandes, imagens coloridas e fácil para aprender.

Além de trabalhar o numeral e o quantitativo, mostra também as figuras geométricas.

A mescla da representação da quantidade e a identificação numérica. A variedade e disposição das figuras.

Bem claro no que deve ser feito; fácil de manusear; trabalha com a mesma ideia, mas de diferentes níveis de complexidades.

O ponto positivo é poder ser utilizado como um jogo de vários níveis de dificuldade onde o aluno pode ir subindo de nível conforme sua evolução.

A autocorreção. Acho que dar a oportunidade de corrigir é benéfica para o aprendizado, mesmo que seja por repetição de erros e acertos.

Foi salientado pelos professores o lado lúdico dos aplicativos, propiciando brincadeira em um momento de aprendizagem.

Acho que o fato de relacionar números com objetos já dá um significado ao número, como a necessidade de saber contar para saber o que se tem, como no processo histórico. E o outro fator é aprender como um jogo, um desafio. Acho que torna o aprendizado mais leve e os exercícios passam a ter uma característica de brincadeira e não obrigação.

Aspectos ligados ao pensamento algébrico foram também destacados, como a representação, igualdade, equivalência, expressões algébricas, polinômios, dentre outros.

Fácil manuseio, trabalha muito bem as ideias fundamentais da matemática de representação e igualdade ou equivalência.

A possibilidade de trabalhar conceitos matemáticos como equação de primeiro grau, polinômios, tabuada, relação numeral quantidade etc.

Níveis com grau de complexidade, operações e figuras, além das expressões algébricas.

A possibilidade de utilizar a leitura analógica e a leitura digital e vice-versa.

Além da praticidade ele pode muito bem ser usado em estudos de ângulos e a chance de trabalhar duas situações ao mesmo tempo (analógico e digital).

Para o fundamental II, uso para identificar ângulos, e para os anos iniciais é interessante para eles aprenderem mudanças relacionadas ao tempo e relacionar mudança de tempos.

Um dos professores cursistas fez uma reflexão sobre o contexto em que vivem os alunos das periferias da cidade de São Paulo, mas que também pode ser feita para outras cidades brasileiras que apresentam algumas similaridades

> Considerando que para mim é também uma nova visão voltada para a educação, gostei muito e diria que veio a acrescentar e expandir mais meus métodos pedagógicos, a simplicidade de que ele é elaborado nos ajuda e acredito que os alunos só têm a aprender mais facilmente detalhes que sem querer passam desapercebidos. A principal dúvida a respeito, é como ter e/ou dar realmente acesso as classes mais humildes das periferias, pois sabemos o grau de dificuldades que eles têm com equipamentos eletrônicos. Positivamente, conseguimos por esses aplicativos notar melhor as habilidades dos alunos, visto o quanto eles gostam de novas tecnologias (aplicativos).

Esse professor nos faz pensar em quanto a aprendizagem está relacionada com o outro, com outros recursos, com a afetividade dos alunos, com o contexto cultural e historicamente construído em nossa sociedade (RADFORD, 2018b).

Para continuar nossas análises, utilizamos outra tarefa desenvolvida pelos professores participantes durante a primeira formação, o plano didático! O planejamento é um dos elementos que se mostram no conhecimento pedagógico geral do professor, um elemento já identificado como de acentuada importância nas investigações que são conduzidas no campo do ensino, e que pode ser observado nos planos de aula que são pensados e registrados pelos professores (JOHN, 2007; MUTTON; HAGGER; BURN, 2011; KÖNIG *et al.*, 2011; KÖNIG *et al.*, 2020).

Quando esse planejamento se associa à investigação e à reflexão, podemos identificar também contribuições relevantes para o desenvolvimento profissional do professor no ensino de matemática, assim como concluiu Magalhães (2008) ao pesquisar, no contexto brasileiro, a potencialidade do método de desenvolvimento profissional utilizado nos Estados Unidos e que denominou como "Estudo e Planejamento de Lições".

Na Educação Matemática, o planejamento é um fator importante e que precisamos exercitar no contexto dos desafios que se colocam à sua realização, tais como os que se mostram no cenário educacional brasileiro com a implementação do paradigma da inclusão. Um dos espaços já identificado na literatura como eficaz para o exercício do planejamento, é o espaço de diálogo que se forma em cursos propostos pelas universidades com a finalidade de contribuir com a formação continuada dos professores que se ocupam com o ensino de matemática (SOUZA; PASSOS, 2015; PONTE *et al.*, 2016).

Investigações sobre as relações que são construídas entre o planejamento da aula e a utilização de novas tecnologias são um dos pontos de interesse que se revelaram nos últimos anos em pesquisas que se ocupam com o trabalho pedagógico que envolve o plano de aula no ensino de matemática. Ao analisarem o processo de planejamento de aulas que um grupo de professores, no âmbito de um curso de extensão online que encorajava a inserção do software de programação SuperLogo como um recurso didático, Souza e Passos (2015) observaram que os professores inseriram o software em um movimento composto por outros elementos, dentre os quais as ideias pedagógicas, as estratégias de ensino, os conceitos matemáticos e o conhecimento que os professores tinham sobre a aprendizagem dos estudantes.

Esse movimento em que elementos já existentes no conhecimento pedagógico do professor se entrelaçam com as tecnologias digitais que são inseridas no cenário educacional, se tornou assim no âmbito do desenvolvimento desse primeiro projeto, digno de investigações na Educação Matemática, considerando a dinâmica intensa em que novas tecnologias são desenvolvidas.

No entanto, um dos tópicos que emerge como central, quando refletimos sobre o desenvolvimento dessas novas tecnologias, é a forma como diferentes indústrias impulsionam no cenário internacional o desenvolvimento de recursos digitais, que são desenvolvidos com uma referência limitada à pesquisa existente em Educação Matemática e pouco ou nenhum envolvimento da comunidade de educadores matemáticos. Podemos identificar aqui um campo ainda pouco compreendido e que, como Clark-Wilson, Robutti e Thomas (2020) interpretam, é formado por automações em que a "dieta matemática" de um aluno em particular pode ser restringida ou aumentada de forma a promover desigualdades ou preconceitos educacionais.

Assim, a elaboração dos planos didáticos tinha como principal objetivo permitir a revisitação a suas próprias práticas e o compartilhamento de ideias, propostas e aprendizagens a partir das discussões e reflexões feitas no decorrer das atividades de formação continuada.

Para essa reflexão no planejamento didático, foram solicitados três planos didáticos. Para tal execução, foi disponibilizado um *template* e cada professor deveria encaminhar o plano digitalmente no ambiente online. Um dos pontos centrais presente nas discussões e reflexões proporcionados na formação com os professores foi o ensino de matemática com uma perspectiva inclusiva e, como Lima e Manrique (2017) apontam, nessa perspectiva há uma preocupação em proporcionar recursos, estratégias, reflexões e outros benefícios que não são direcionadas para apenas uma deficiência ou estudante em específico, mas para todos os estudantes, portanto, era esperado que os planos apresentados tivessem esse viés inclusivo.

Diante dos desafios existentes na construção de um espaço de formação fundamentado na educação inclusiva que permite o desenvolvimento de posturas reflexivas, temos que, antes de discutir com os professores o que fazer e como fazer, perguntar a eles como fazem (PERRENOUD, 2008).

A partir dessa premissa, os professores foram convidados a compartilhar nos planos didáticos que elaboravam e encaminhavam para os mediadores, suas ações, propostas e ideias. Mas, como proporcionar a socialização dessas importantes ações e registros, promover reflexões acerca da própria prática e, assim, promover novas aprendizagens em um ambiente virtual? "Todos refletimos para agir, durante e depois da ação, sem que essa reflexão gere aprendizagens de forma automática. Repetimos os mesmos erros, evidenciamos a mesma cegueira, porque nos faltam lucidez, coragem e método". (PERRENOUD, 2008, p. 17). Dessa forma, Perrenoud (2008) salienta o quanto é fundamental a criação de ambientes que permitam a análise da própria prática, ambientes de partilha das contribuições e de reflexão sobre a forma como pensa, decide, comunica e reage em uma sala de aula.

Diante desses apontamentos, o grupo de pesquisa criou durante a formação uma curadoria para os planos didáticos. A ideia era resgatar a maior diversidade de proposições, processos e depoimentos e, nos encontros virtuais, apresentá-los aos professores, compartilhando elementos que se destacavam nos planos e que culminavam na proposição de um ensino de matemática com uma perspectiva inclusiva.

Por conta da quantidade de planos encaminhados e o tempo disponível, não era possível apresentar elementos de todos os planos, haja visto que alguns procedimentos e ideias também se repetiam, mas era notória a satisfação dos professores ao perceber que o plano por eles encaminhado estava sendo apresentado aos demais colegas. Da mesma forma, pudemos perceber, a partir de alguns depoimentos, a frustração de não ter tido seu plano apresentado pelos curadores. É visível, portanto, a necessidade de valorização e reconhecimento do olhar do outro, mesmo que a partir de apontamentos de melhoria. Reiteramos que isso só se torna possível em ambientes "seguros" nos quais há uma construção coletiva e as prováveis atitudes defensivas abrem espaço para processos reflexivos.

Apresentamos a seguir, uma análise dos dados produzidos durante essa curadoria e que resultou em um estudo publicado nos anais do VIII Seminário Internacional de Pesquisa em Educação Matemática (SIPEM) realizado em novembro de 2021 (VIANA; MANRIQUE; BONETO, 2021). Nesse estudo, alguns trechos retirados dos planos didáticos e que foram elaborados pelos professores participantes desse primeiro projeto foram selecionados e mapeados pelo grupo de pesquisa.

É importante salientar que não foram pensados ou estipulados previamente critérios ou categorias para reunir os principais enfoques trazidos nos planos. A ideia era reunir os pontos centrais, identificando semelhanças e disparidades e, ainda, localizar nas propostas apontamentos que poderiam permitir reflexões interessantes que nos auxiliassem para responder à questão norteadora da nossa pesquisa.

Dessa forma, apresentamos na Figura 17 um mapeamento que construímos a partir de excertos que foram extraídos de trechos existentes nos planos didáticos, e que durante a curadoria se situaram como elementos disparadores para reflexões sobre como o ensino de matemática pode ser mais inclusivo. No mapeamento que representamos na figura, é possível identificar a maioria dos excertos se concentrando nos elementos organizativos, e os demais nos elementos avaliativos, no entanto, existem três excertos que localizamos nesse mapeamento em uma zona que emerge na nossa análise como resultado do cenário de pandemia da COVID-19.

Após a análise, pudemos perceber que em alguns planos era possível localizar estratégias pensadas exclusivamente para o momento vivido por todos, a pandemia da COVID-19. A proposta de elaboração dos planos didáticos não tinha esse enfoque, mas acreditamos ser de grande relevância apresentar o movimento e preocupação dos educadores ao pensar em estratégias para esse delicado momento.

Os três excertos que localizamos na Figura 17, nessa zona emergente, representam essa nossa percepção, já que os professores planejaram pensando na coparticipação do núcleo familiar e atribuindo uma nova funcionalidade para um recurso tecnológico, que no caso foi o aplicativo de mensagens instantâneas *WhatsApp*, que passou a assumir um papel de natureza pedagógica nesse plano.

Figura 17: Mapeamento de excertos elaborado na análise dos dados

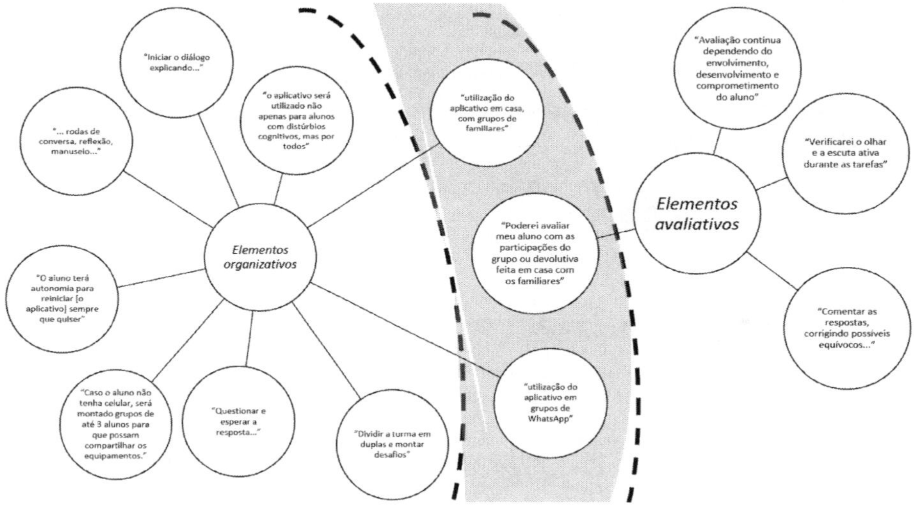

Fonte: Viana; Manrique e Boneto (2021, p. 2751).

Dentre os excertos que se concentravam nos elementos organizativos, identificamos uma preocupação com a "postura do professor" nos momentos de interação que este constrói com os estudantes, seja questionando ou organizando agrupamentos produtivos durante a aula. Aqui observamos que a forma como o professor interage e organiza a turma de estudantes, se revela como um tópico importante de discussão quando propomos o ensino de matemática com uma perspectiva inclusiva. Destacamos que a diversificação de estratégias no campo das interações humanas, que se montam na prática docente, é um dos tópicos que precisamos exercitar na formação inicial e continuada de professores.

Também identificamos na nossa análise uma preocupação com o monitoramento das aprendizagens e avaliação, com excertos que se concentraram nos elementos avaliativos. Nesse caso, percebemos olhares para os processos de aprendizagem dos estudantes, mas assim como Perrenoud (2008) salienta, o professor pode assumir a sua própria ação como objeto de reflexão, sendo aqui importante discutirmos o quanto o professor precisa pensar na avaliação também como um fator que remodela a sua própria prática.

A estratégia de compartilhar os registros elaborados pelos participantes nos momentos síncronos da formação permitiu que cada professor identificasse ações semelhantes ou diferentes das que planejou e, ao mesmo tempo, receber possíveis feedbacks, com uma reflexão que "não se limitasse a uma evocação, mas passasse por crítica, por uma análise, por uma relação com regras, teorias ou outras ações, imaginadas e realizadas em uma situação análoga" (PERRENOUD, 2008, p. 31)

Outro elemento que se mostrou na análise dos planos didáticos, e que vale destacarmos, é a preocupação existente em um dos planos com a disponibilização de um tutorial para que os estudantes acompanhassem cada etapa na utilização de um dos aplicativos, apresentando desde a abertura do aplicativo, com a visualização dos prints das telas que elucidam o que deve acontecer em cada momento, até o encerramento da atividade e fechamento do aplicativo. Aqui compreendemos que existe um forte reflexo das novas práticas que foram mobilizadas no cenário de pandemia da COVID-19 no planejamento que este professor apresentou na formação.

5.2. Reflexões que surgiram com o desenvolvimento do segundo projeto

Em relação ao segundo projeto, foram estabelecidos alguns princípios de formação que permearam as ações durante o seu desenvolvimento, sendo o principal, a maneira como a atividade de formação deveria considerar e compreender como os professores ampliam os saberes do fazer docente.

A formação proporcionou momentos em que os professores participaram das atividades e podiam expor seus pontos de vista e entendimentos sobre os tópicos abordados. Essa participação foi observada tanto no momento síncrono, em que alguns professores puderam se pronunciar, quanto no fórum proposto na atividade assíncrona e que tinha como proposta, favorecer a comunicação entre os pesquisadores e os professores participantes.

Durante o segundo projeto, desenvolvemos reflexões que se mostraram necessárias para o exercício da atividade docente. Foram disponibilizados vídeos produzidos pelos pesquisadores que abordavam temas relativos a neurodiversidade, ensino de matemática na perspectiva inclusiva e a utilização dos aplicativos produzidos pelo grupo de pesquisa com uma perspectiva de fortalecer a inclusão e a equidade na aula de matemática. Esses recursos puderam promover reflexões que foram compartilhadas, principalmente, no fórum que se manteve aberto durante todo o projeto.

Essa formação que desenvolvemos no segundo projeto, valorizou as experiências, os repertórios e os conhecimentos dos professores de educação básica, e para isso, o fórum foi fundamental para que os professores compartilhassem suas experiências sobre os temas abordados.

A proposta de formação, que foi mantida durante o segundo projeto, previa uma formação que fomenta a assunção de aprendizagens por meio de negociação de significados. Momentos ímpares foram estabelecidos para que os professores participassem, compartilhassem e refletissem sobre suas práticas e aprendizagens. Ao oferecermos três aplicativos para utilização no contexto de sala de aula notamos que estávamos abrindo um importante espaço para que os professores dialogassem com a equipe de pesquisadores. Nesse diálogo, os professores puderam aprender uns com os outros e com os formadores sobre os temas abordados nos aplicativos.

A formação contemplou assim, simultaneamente, os conhecimentos pedagógicos dos professores e os seus conhecimentos matemáticos. Tudo que era tratado no momento síncrono e nas atividades de interação no fórum foi pensado com a finalidade de abordar os conhecimentos matemáticos, os conhecimentos pedagógicos dos conteúdos e os conhecimentos sobre os alunos e seus respectivos processos de aprendizagem (BALL; THAMES; PHELPS, 2008). Os aplicativos disponibilizados potencializaram esse processo de diálogo.

Uma das tarefas solicitadas neste projeto, foi que os professores destacassem os pontos que consideravam mais desafiadores para a proposição de uma prática inclusiva no ensino de matemática na educação básica. Segue uma das respostas dada:

> Os desafios são alguns como a falta de material adequado na escola, falta de outros profissionais para ajudar o processo de inclusão, a não

aceitação de algumas famílias dos alunos, despreparo de profissionais dentro da escola, sala com grande número de alunos nas salas e falta de formação continuada na área da Educação Matemática Inclusiva nas séries iniciais.

Esse professor aponta alguns dos desafios enfrentados no cotidiano escolar. A ausência de recursos é um deles! Alguns estudos destacam que a falta de recursos não é apenas na atuação com estudantes público-alvo da Educação Especial, mas sim para todos que estão nas salas de aula (MANRIQUE, VIANA, 2021). E essa dificuldade está associada à necessidade de realizar adaptações nos materiais didáticos para atender as demandas de todos os estudantes. É nesse sentido, que Abar, Almeida e Dias (2021) destacam que o conhecimento de conteúdo matemático para o ensino influencia no uso desses recursos em sala de aula. Segue a fala de um dos professores sobre a necessidade de formações de professores que favoreçam o compartilhamento de ideias e abordem a educação inclusiva e o uso de recursos tecnológicos.

> É fato que nós professores precisamos nos preparar e conhecer melhor nossos alunos, principalmente na fase inicial da criança, todos nossos alunos são capazes, indiferente das circunstâncias. Este tipo de curso, conversas e trocas de experiências é de extrema importância, temos muito ainda para aprender. Quando cursei matemática, não fomos preparados em momento nenhum para lecionar com alunos com problemas cognitivos, isto precisa mudar. Um outro fato, são os recursos, precisamos nos apropriar de novas metodologias para ensinar.

Esse professor cursista chama a atenção para outro fator importante na proposição de uma prática inclusiva, "conhecer nossos alunos", que é o que Ball, Thames e Phelps (2008) preferem nomear como "conhecimento dos alunos e suas características". Esse conhecimento se relaciona com a necessidade de os professores preverem como pensam seus alunos em relação a determinadas situações de aprendizagem, identificando elementos que eles apresentem dificuldades ou facilidades.

Esse conhecimento está vinculado à dinâmica de sala de aula, dependendo de como o professor favorece que os alunos falem sobre suas dificuldades e facilidades e como ele interpreta esses comentários. Essa forma de atuação pedagógica está ligada com a permanência ou não em nossas zonas de conforto no campo do ensino. Trabalhar com a noção de inclusão no ensino de matemática significa repensar constantemente nossas práticas, adaptando e adequando às situações de ensino e aprendizagem aos nossos alunos. Os dois relatos de professores a seguir abordam esses aspectos.

> Acredito que o maior desafio é sairmos de nossa zona de conforto ao pensarmos em uma proposta inclusiva, principalmente pela falta de formação que tivemos. Também demanda outro repensar de nossa prática diária, tanto no contato direto quanto no desenvolvimento de material didático. Apesar de desafiador, considero que o curso trouxe uma nova visão de mundo e da sala de aula.

São pertinentes para as reflexões que trazemos neste capítulo, as palavras de Tunes (2003, p.11) quando esclarece que:

> no âmbito da educação (...) é muito comum ouvirmos as pessoas dizerem que não se sentem preparadas para atuar com as crianças e os jovens especiais. É verdade. De fato, não estamos preparados para isso. Se estivéssemos, o nosso compromisso com essas crianças e jovens não se traduziria como um desafio. É desafio exatamente porque não sabemos como fazer. Temos que investigar, buscar, descobrir.

Assim, é preciso conceber uma ação docente que ultrapasse a padronização imposta muitas vezes pelos sistemas de ensino, e que seja capaz de superar o preconceito, de buscar novas metodologias de ensino e de perceber na diversidade uma possibilidade para a aprendizagem e o desenvolvimento do aluno público-alvo da educação especial. Segue mais um depoimento de professor em relação aos desafios de ensinar de forma inclusiva.

> O maior desafio é elaborar metodologias de ensino e recursos diferenciados que desenvolva as habilidades matemáticas de todos os alunos. Portanto, o/a professor/a deve criar estratégias para que o/a aluno/a aprenda a lidar e superar suas dificuldades, promovendo a aprendizagem, tais como: analisar o conhecimento prévio dos/as

estudantes, antes de apresentar-lhes novos conteúdos; as atividades devem estar relacionadas com as vivências dos/as estudantes; dar as instruções de várias maneiras, tanto de forma oral quanto utilizando imagens e sons e usar abordagens diferentes para transmitir os conteúdos, com material pedagógico diversificado, principalmente através de jogos, de forma lúdica e prazerosa.

Através do planejamento das aulas e do desenvolvimento de um plano de ensino em sala de aula é que encontramos indícios do processo que se explicita na Teoria da Objetivação.

> Mais precisamente, os processos de objetivação são aqueles processos sociais, coletivos de consciência progressiva, de um sistema de pensamento e ação constituído cultural e historicamente - um sistema que percebemos gradualmente e que, ao mesmo tempo, dotamos de significado. Os processos de objetivação são aqueles processos de perceber algo culturalmente significativo, algo que é revelado à consciência não passivamente, mas através de atividades corporais, sensíveis, afetivas, emocionais, artefatuais e semióticas. (RADFORD, 2018a, p. 8)

De uma maneira geral, o segundo projeto proporcionou momentos de aprendizagem aos docentes, principalmente em relação a metodologias de ensino, recursos materiais e digitais, conhecimento sobre a diversidade humana, educação inclusiva e noção de equidade. Entendemos, também, que o conjunto das ações de formação que realizamos teve um impacto social importante na formação continuada dos professores participantes desse segundo projeto, no sentido de habilitar para o uso de recursos, aplicativos e estratégias que viabilizam o desenvolvimento de habilidades matemáticas na perspectiva inclusiva, o que se tornou relevante, considerando o momento de pandemia da COVID-19 que estávamos enfrentando globalmente.

5.3. Reflexões que surgiram com o desenvolvimento do terceiro projeto

Em relação ao terceiro projeto, as motivações dos professores para participar também foram diversas. Além de adquirir conhecimento, melhorar e aperfeiçoar a prática, podemos listar algumas respostas dadas por professores no questionário inicial.

> A área de inclusão é meu foco de trabalho e pesquisa e acredito que será muito enriquecedor para a prática em sala de aula.
>
> A educação precisa de formação constante para levar qualidade de ensino aos estudantes.
>
> Acho a temática interessante e penso que o curso pode auxiliar eu rever algumas práticas.
>
> Aprender mais sobre a inclusão na minha área de atuação visto que na minha formação acadêmica essa temática não foi trabalhada como deveria.
>
> A matemática no ensino remoto tem sido um dos maiores desafios. Por isso, ao realizar esse curso, certamente terei maiores possibilidades de auxiliar minha equipe de professoras e estudantes nesse processo.
>
> Porque acredito que o curso me ajudará a trazer uma matemática mais inclusiva, humana e afetiva para a sala de aula.

Comentários registrados pelos participantes e identificados na produção de dados qualitativos também destacam a pertinência das atividades realizadas e o resultado positivo no desenvolvimento das atividades propostas. A seguir algumas respostas dadas por professores durante as atividades desenvolvidas.

> A forma como o pensamento algébrico foi tratado nos encontros abriu um leque de possibilidades! O exercício dos círculos organizados e a discussão dos estudantes acerca da regularidade no aumento de círculos no desenho, confirmou que, em matemática, a linha de chegada é a mesma, mas os percursos são variados. Que alívio compreender a matemática para além da decoreba de fórmulas e conceitos que pareciam tão abstratos (para não dizer bizarros).
>
> Gostei muito dessa leitura, pois os tipos do pensamento algébrico apresentados, segundo Radford, nos mostram que podemos considerá-los em nosso planejamento. Fica evidente que os exercícios a serem propostos aos nossos alunos devem obedecer a uma

progressão, e que contemple um maior número de alunos, respeitando o tempo de cada um.

Esses relatos de professores cursistas nos fazem refletir sobre a dimensão crítica da Teoria da Objetivação de Radford (2018b), na qual o professor ou o aluno toma consciência de outras formas de aprender e de ensinar.

> A dimensão crítica na teoria da objetificação (TO) significa, portanto, que existe um posicionamento aberto pelo sujeito. Em outras palavras, seu posicionamento não significa que o sujeito (aluno ou professor) imponha seu ponto de vista, mas que ele se torna consciente de outros pontos de vista, de outras perspectivas, é o reconhecimento de contradições de que toda afirmação nunca é final, mas que faz parte de uma série de afirmações possíveis, cada uma delas afetando a realidade de maneira diferente. (Radford, 2018b, p. 69)

Outro professor apresentou um relato do uso de um dos aplicativos com um estudante autista no momento do Atendimento Educacional Especializado (AEE), que é um atendimento oferecido aos estudantes público-alvo da Educação Especial no Brasil. O professor destacou como a utilização do aplicativo foi importante para a motivação desse aluno no processo de aprendizagem de objetos de conhecimento da unidade de Álgebra da BNCC.

> Essa semana me empenhei especialmente em aplicar os aplicativos e refletir sobre as reações, os apontamentos e as dificuldades dos meus alunos. Lembrando que sou do AEE (Atendimento Educacional Especializado), da sala de recursos na prefeitura do Rio, onde atendo alunos do 5º. ao 9º. ano e da EJA com deficiências diversas. Apresentei os apps a 6 alunos nesse período, eles ficaram encantados com a possibilidade de estudar no celular, e de se verem capazes de acertar. Como alguns não sabem ler, fizeram uso do vocalizador, e sentimos ausência da representação de acerto e erro por alguma imagem (emogi, por exemplo). Um caso específico que gostaria de relatar foi do aluno Antônio, 7º. ano (com TEA), que apresenta aversão à matemática e se interessou em resolver as questões do aplicativo do sorvete, percebeu o padrão multiplicativo e que não é tão difícil assim multiplicar, e aceitou posteriormente registrar os cálculos no caderno. Ao chegar em casa a mãe me pediu o nome do

> aplicativo para ela instalar, porque ele havia comentado a satisfação e que conseguia entender dessa forma. No caso de um autista clássico, que possui limitações da interpretação de abstrações, a visualização e a objetividade do aplicativo favoreceram muito! E foi mais efetivo que uma interpretação textual longa de um enunciado que precede a necessidade interpretativa para o cálculo. Eu já fazia uso de aplicativos como estratégia de ensino, mas não necessariamente de matemática ... Agora, vivo procurando apps de matemática para usar com eles, tem sido uma experiência muito gratificante e enriquecedora aprender tanto com vocês! Obrigada!

Outro professor também apresentou um relato muito interessante sobre o uso dos aplicativos no contexto escolar.

> Aplicativos como estes, fazem com que as crianças se sintam mais estimuladas, autoconfiantes em relação à aquisição do conhecimento e ainda contribui para a superação de obstáculos, tornando-as até mesmo autossuficientes nos estudos, além disso, os aplicativos podem ajudar a fortalecer o interesse das crianças em uma das matérias que muitas vezes é temida pelos estudantes.

A partir desses relatos, podemos entender que os alunos aprendem de maneira gradual e tomam consciência de forma progressiva e crítica das formas de pensar os conteúdos matemáticos trabalhados em sala de aula, ou seja, os alunos se implicam em processos de objetivação (RADFORD, 2018c).

Outro professor também fez um relato que salienta o papel da formação de professores para a constituição de uma escola comprometida com as questões sociais e culturais da atualidade.

> Acredito na formação contínua do professor, na busca constante do aprender significativo e prazeroso, numa escola acolhedora e porque não partilhadora de informações e geradora de conhecimento. Este curso alimentou em mim ainda mais a vontade de aprender a lidar melhor com as tecnologias tão evidenciadas nos dias de hoje.

Nessa forma de conceber a escola, a produção de conhecimento acontece com esforços coletivos, envolvendo toda a comunidade escolar, onde professores e alunos trabalham juntos para alcançar formas mais complexas do pensamento matemático.

5.4. Reflexões que surgiram com a experimentação dos aplicativos

O aplicativo Correspondentes 1.0, que apresentamos no terceiro projeto, é resultado de discussões e reflexões que foram conduzidas com professores da educação básica e pesquisadores da Educação Matemática em 2020 sobre o aplicativo Correspondentes, apresentado e experimentado no primeiro e segundo projeto. A partir desse movimento de análise coletiva do Aplicativo Correspondentes, o reformulamos em 2021 e o denominamos como Aplicativo Correspondentes 1.0, para que novamente passasse por um momento de avaliação com críticas e comentários realizados por professores que ensinam matemática durante o terceiro projeto.

A estrutura dessa versão do aplicativo foi pensada de forma que o estudante tivesse um nível de aquecimento, seguido de seis níveis que avançassem, trazendo atividades mais desafiadoras. O aplicativo consiste em um jogo da memória, que conforme pede a associação entre duas representações equivalentes, também exige uma leitura e compreensão mais cuidadosa de forma a desenvolver a linguagem matemática comumente utilizada na resolução de um problema.

Em um estudo sobre a compreensão de um problema matemático e envolvendo treze estudantes, Radford (1996) observou que os resultados apresentados no estudo sugerem que o entendimento de um problema é um processo em que primeiramente ocorre uma primeira compreensão, identificada como *compreensão textual*, a qual dá origem a uma outra compreensão, que esse pesquisador denomina como *compreensão relacional*. Na compreensão textual, o estudante reproduz o texto, na maioria das vezes de forma exata tal como está escrito, mas muitas vezes essa reprodução se mostra insuficiente para a resolução do problema. À medida que o estudante se engaja na resolução, essa compreensão textual direciona o estudante para a compreensão relacional.

Neste sentido, o entendimento de um problema se consolida como uma etapa do processo de resolução que começa com a leitura do enunciado ou situação que é apresentada na língua materna do estudante, que é quando ocorre a *compreensão textual*. É fundamentando-se nessa discussão, que durante a pesquisa, observamos a necessidade de reformular o Aplicativo Correspondentes. Essa é uma reflexão que surgiu com o desenvolvimento dos três projetos e que resulta do diálogo que o grupo de pesquisa manteve com os professores participantes durante a experimentação dos aplicativos. O aplicativo Correspondentes 1.0 permite exercitar a linguagem matemática, com a passagem da compreensão textual para a relacional na resolução de um problema matemático.

No nível de aquecimento, o estudante é convidado a fazer exercícios simples em que o professor poderá promover não apenas um momento introdutório para os desafios que serão propostos no aplicativo, mas também observar quais são os elementos que, na realização das atividades propostas no aquecimento, emergem como merecedores de atenção na resolução de problemas.

Um exemplo de como esse nível de aquecimento pode auxiliar os professores na sondagem de quais são as necessidades educacionais dos estudantes no desenvolvimento do pensamento matemático, é a atenção que podemos ter nas respostas dadas por um estudante quanto a variação que ocorre algumas vezes na representação de um mesmo objeto matemático. Essas variações, segundo Donini e Micheletto (2015), são importantes no desenvolvimento do pensamento matemático, pois são elementares para processos que ocorrerão posteriormente, tais como os que ocorrem na *compreensão relacional* ao resolver um problema matemático.

Na Figura 18, apresentamos três telas que extraímos do nível de aquecimento do aplicativo Correspondentes 1.0, sendo (1) a primeira tela um exercício para escolher, entre algarismos, aquele cujo valor corresponde ao número de figuras; (2) a segunda tela um exercício em que o estudante deve escolher, entre algarismos, aquele que é ditado ao reproduzir um áudio; e (3) a terceira tela um exercício em que se deve escolher entre alguns conjuntos, com variação de figuras e sua disposição, o que tem o mesmo número de elementos do conjunto que é apresentado. Essas variações ajudam a revelar pistas importantes, principalmente no trabalho didático que é desenvolvido com estudantes que apresentam necessidades específicas na leitura e compreensão de um dado objeto matemático nas suas diversas representações.

Figura 18: Captura de três telas do nível de aquecimento do aplicativo Correspondentes 1.0

Fonte: Arquivo dos pesquisadores.

Após o nível de aquecimento, o aplicativo desafia o estudante em um jogo da memória que está organizado em seis diferentes níveis, cada um com uma especificidade, mas que no conjunto, permite um importante exercício: a linguagem matemática. Este exercício é importante, e crucial, para o que o estudante desenvolva a compreensão relacional durante a resolução de um problema matemático.

Desde uma atividade simples que associa um conjunto de figuras a uma representação numérica (Nível 1) até um exercício que exige a identificação de uma equivalência entre diferentes expressões algébricas (Nível 6), o aplicativo se mostra como um recurso interessante para ser utilizado tanto nos Anos Iniciais como nos Anos Finais do ensino fundamental, assim como também no Ensino Médio dependendo da proposta (Figura 19).

Figura 19: Captura das telas no nível 1 e no nível 6 do aplicativo Correspondentes 1.0

Fonte: Arquivo dos pesquisadores.

Assim, a forma como o estudante compreende um problema matemático é um dos elementos que precisamos considerar no desenvolvimento do pensamento algébrico, mas para que essa compreensão seja aprofundada, é fundamental que o estudante se aproxime da linguagem matemática.

Podemos dizer, então, baseado em Rief e Heimburge (2000), que em uma sala de aula inclusiva devemos observar: muitas atividades, muitos materiais pedagógicos e jogos manipuláveis acessíveis, crianças envolvidas no processo de aprendizagem, crianças aprendendo e divertindo-se com isso, crianças trabalhando em atividades que tiveram a oportunidade de escolher. Devemos ouvir crianças fazendo perguntas, debatendo questões, resolvendo problemas, aprendendo com os pares, partilhando ideias. Precisamos sentir segurança, felicidade, positivismo, descontração, respeito, entusiasmo, liberdade para explorar, observar e interagir.

Os professores devem debater, orientar, encorajar, organizar, demonstrar, refletir, ajudar, avaliar, planejar, preparar, interagir, observar, levantar questões. E os alunos necessitam escolher, explorar, aprender a partir das experiências, aprender a pensar, a comunicar, a participar, ter prazer em aprender, ajudarem-se uns aos outros, assumir responsabilidade pelas escolhas, aprender de forma ativa, cooperar, e adquirir autonomia.

Assim, entendemos que, para trabalhar em salas de aula inclusivas, os professores precisam:

Quadro 10: Ações necessárias para uma atuação docente com perspectiva inclusiva

- Ver e refletir sobre os indivíduos assim como sobre o grupo;
- Livrar-se de primeiras impressões, ver além das ações e desfazer estereótipos;
- Dar voz aos alunos;
- Diagnosticar as necessidades dos alunos;
- Desenvolver experiências educativas de acordo com as características de seus alunos;
- Conseguir uma gama diversificada de materiais;
- Pensar em várias formas de atingir um objetivo de ensino;
- Organizar materiais e espaços, dar instruções objetivas; e
- Desenvolver a noção de comunidade de aprendizagem na sala de aula.

Fonte: Arquivo dos pesquisadores.

Partindo das reflexões que apresentamos neste capítulo, foi possível observar que a formação de professores é um exercício fundamental para que avancemos na construção de uma escola inclusiva, no entanto, aspectos se revelaram como dignos de nossa atenção, os quais exploramos no próximo capítulo.

5.5. Premissas consideradas para conceber as formações

Os três projetos de formação consideraram algumas premissas em sua elaboração, que destacamos como importantes para refletirmos sobre uma formação de professores que tenha perspectivas inclusivas.

A primeira delas refere-se a considerar e compreender como os professores aprendem. Os projetos desenvolvidos proporcionaram momentos em que os professores puderam participar das atividades de maneira a exporem seus pontos de vista e suas compreensões sobre os assuntos tratados. Essa participação pode ser constatada tanto nas *lives*, em que alguns professores puderam se pronunciar, quanto nos fóruns propostos exatamente para favorecer a comunicação entre os formadores e os cursistas sobre os assuntos tratados em cada uma das semanas dos cursos. Mesmo no único encontro presencial que tivemos, planejamos todo um período para que os professores pudessem partilhar suas dúvidas e conquistas nas estações.

A segunda premissa dá destaque as reflexões necessárias para o exercício da atividade profissional. Os três projetos ofereceram *lives* e textos autorais, abordando assuntos relacionados aos temas propostos em cada uma das semanas. Além disso, algumas atividades propostas, como as Trilhas Reflexivas e a Imersão, buscavam propiciar a cada semana momentos de reflexão sobre aspectos pessoais e profissionais de forma individual e compartilhada. Também foram disponibilizados vídeos produzidos pelos formadores que abordavam temas relativos a conceitos matemáticos, formação de professores, contexto de sala de aula. Esses recursos puderam promover reflexões que foram compartilhadas, principalmente, nos fóruns.

Uma terceira premissa diz respeito a valorização das experiências, dos repertórios e dos conhecimentos dos professores que participam da formação. Os fóruns foram momentos nos quais os professores puderam compartilhar suas experiências profissionais e pessoais sobre os temas abordados. Além disso, foram oferecidos dois recursos no Moodle denominados Interação e Produção, para que os cursistas pudessem a cada semana dialogar e postar suas produções com os demais cursistas e os formadores. Foi solicitado a entrega de um trabalho final (que podia ser uma narrativa, um vídeo, um podcast), que entendemos que privilegiou o diálogo das experiências profissionais dos cursistas com as temáticas abordadas ao longo do curso.

Como trabalhamos por muito tempo com referenciais de comunidades de prática, não poderia faltar a premissa que trata de fomentar as aprendizagens por meio de negociação de significados. Os fóruns foram momentos ímpares nos quais muitos professores puderam participar, compartilhar e refletir sobre suas práticas e suas aprendizagens. Como exemplo, podemos indicar que foram oferecidos os aplicativos para utilização no contexto de sala de aula e, posteriormente, aberto um espaço denominado por Compartilhar experiências, para que os professores pudessem dialogar com a equipe de formadores.

Foi um espaço bastante interessante no qual os cursistas puderam aprender uns com os outros e com os formadores sobre os temas abordados nos aplicativos. E muitas das dúvidas, comentários e sugestões foram consideradas para a elaboração dos três últimos aplicativos desenvolvidos pelo grupo de pesquisa.

E, considerando o referencial teórico sobre formação de professores que adotamos, também foi importante estipular que todas as formações contemplassem os conhecimentos matemáticos, os conhecimentos pedagógicos dos conteúdos matemáticos e os conhecimentos sobre os alunos e seus processos de aprendizagem.

Capítulo 6

Algumas considerações

No atual contexto de mudanças nas escolas, torna-se necessária a realização de análises de situações didáticas e de sua utilização em sala de aula, com apoio das investigações nas áreas da Educação e do Ensino, envolvendo principalmente o desenvolvimento de recursos didáticos e pedagógicos.

É comum encontrar ainda nas salas de aula a predominância de uma concepção de professor como aquele que transmite, oralmente e ordenadamente, os conteúdos veiculados pelos livros didáticos e por outras fontes de informação e uma concepção de aluno como agente passivo e individual no processo de aprendizagem, e que no campo imaginário, precisa se enquadrar em um perfil padrão de estudante. Nessas concepções, a aprendizagem é entendida como um processo que envolve meramente a atenção, a memorização, a fixação de conteúdos e de procedimentos, principalmente por meio de exercícios mecânicos e repetitivos.

Em contraposição a essas concepções, Roldão (2007, p.36) afirma que:

> a função específica definidora do profissional professor não reside, pois, na passagem do saber, mas sim na *função de ensinar*, e ensinar não é apenas, nem sobretudo, "passar" um saber. [...] A função de ensinar, caracterizadora do profissional que somos, ou quereríamos ser, na minha perspectiva, consiste, diferentemente, em fazer com que outros adquiram saber, aprendam e se apropriem de alguma coisa. E é aí que nós, professores, somos uma profissão indispensável, e talvez cada vez mais indispensável, porque não basta pôr a informação disponível para que o outro *aprenda*, é preciso que haja alguém que proceda à organização e estruturação de um conjunto de ações que levem o outro a aprender.

Assim, diversas são as questões que se colocam referentes à formação de professores, ao papel do professor e as características de seu trabalho. Todas as questões que podem ser propostas envolvem, principalmente, mudanças dos professores em relação à concepções e práticas.

A necessidade de uma formação para a prática inclusiva é apenas parte de uma problemática mais complexa, e que abrange a formação geral do professor no nosso país. A formação de professores no Brasil é "[...] um problema social da maior relevância nos dias atuais", conforme nos afirmam Gatti *et al.* (2019, p. 11), e a entendemos como um problema social por considerarmos que o trabalho e as práticas docentes são atos sociais de educação.

> [...] o trabalho de educadores também se constitui a partir de mediações e relações constituídas no campo da ação cotidiana, nas dinâmicas escolares, em processos dialógicos onde se criam espaços de práticas conservadoras e/ou transformadoras que geram, na simultaneidade das relações pedagógicas alunos-professores, as possibilidades de recriações de sentidos e significações de conhecimentos e valores pelas intersubjetividades. (GATTI *et al.*, 2019, p. 11)

Dessa forma, para discutir a formação de professores brasileiros torna-se essencial termos em mente quais são as políticas e o papel da educação básica em uma determinada sociedade, pois isso irá orientar os processos formativos dos professores.

Reconhecemos que uma formação de professores não pode envolver apenas aspectos técnicos, pois necessita envolver "[...] valores, atitudes, relações construtivas, colaborativas, ou seja, a formação com pessoas que partilham responsabilidades" (GATTI *et al.*, 2019, p. 35). Assim, a formação não pode circundar apenas conhecimentos de uma área do conhecimento e metodologias para ensinar determinados conteúdos, ela deve ser mais abrangente, abarcando uma formação cultural e problematizando a realidade social.

A formação de professores também deve abordar as competências propostas na BNCC. Essas competências são gerais da educação básica e inter-relacionam-se e desdobram-se no tratamento didático destinado à educação infantil, ao ensino fundamental e ao ensino médio. Além disso, essas competências ainda devem articular-se na construção de conhecimentos, no desenvolvimento de habilidades e na formação de atitudes e valores, nos termos da Lei de Diretrizes e Bases da Educação em vigor no nosso país (BRASIL, 1996).

Entre essas competências, destaca-se a competência identificada como competência geral da educação básica 9 na BNCC: "Exercitar a empatia, o diálogo, a resolução de conflitos e a cooperação, fazendo-se respeitar e promovendo o respeito ao outro e aos direitos humanos, com acolhimento e valorização da diversidade de indivíduos e de grupos sociais, seus saberes, identidades, culturas e potencialidades, sem preconceitos de qualquer natureza" (BRASIL, 2017a, p. 10). Dessa forma, uma formação de professores, que pretenda ser atual e comprometida com a realidade escolar, deve abordar questões da diversidade e da inclusão.

Atualmente, os professores enfrentam nas salas de aula muitos desafios. Além de criar condições de aprendizagem de determinados conteúdos discriminados nos currículos escolares, eles se deparam com problemas que se ancoram em fatores culturais, étnicos, morais, sociais e relativos à diversidade, os quais demandam práticas e formas de se relacionar diversas. Nesse sentido, que aspectos se tornam necessários considerar em uma formação de professores?

Destacamos a descrição que Gatti *et al.* (2019) fazem de alguns consensos discursivos identificados na literatura e que, atualmente, têm influenciado processos formativos de professores da educação básica. São eles:

Quadro 11: Consensos que influenciam processos
formativos de professores da educação básica

- A reflexão na articulação teoria e prática;
- A valorização da postura investigativa;
- A aproximação entre as instituições de formação e a escola;
- A valorização da construção de comunidades de aprendizagem que propiciem processos de desenvolvimento profissional mais apropriados à profissão docente;
- O ensino concebido como uma atividade profissional que se apoia num sólido repertório de conhecimentos;
- A importância de formar professores para a justiça social;
- A importância de, nas formações, considerar as crenças e conhecimentos que os professores possuem sobre o ensino e a aprendizagem.

Fonte: Gatti *et al.* (2019).

Além desses consensos discursivos, um aspecto que vem se afirmado em distintos movimentos nas sociedades contemporâneas e que queremos destacar está relacionado ao direito à diferença, em especial, a inclusão dos estudantes com deficiência, com transtornos dos mais variados tipos e outras singularidades que se mostram no âmbito da diversidade humana. Os programas de formação de professores estão preparados para atender a essa demanda crescente nas escolas? Reconhecemos que a formação de professores é crucial para o desenvolvimento de práticas inclusivas, entretanto, também é essencial entendermos que

> Não se trata de atribuir exclusivamente aos professores a responsabilidade de sua formação para lidar com estudantes que apresentam deficiência, pois entende-se que docentes bem qualificados são aqueles que contam, principalmente, com cursos de formação específica, condições de trabalho, material didático adequado para o desenvolvimento de suas atividades, remuneração compatível, tempo para preparação das aulas, ambiente socialmente adequado, entre outros recursos necessários ao bom andamento do processo

de ensino e aprendizagem, que devem ser ofertados pelos estados e municípios. (LIMA; MANRIQUE, 2017, p. 263)

Assim, estamos interessados na formação de professores que ensinam matemática, como também no respectivo exercício da docência em ambientes educacionais que incluam estudantes público-alvo da educação especial e outros grupos que, historicamente, foram marcados por diferentes processos de exclusão

Dessa forma, uma formação de professores alinhada aos atuais pressupostos de inclusão e equidade na Educação Matemática deve refletir os processos de ensino e aprendizagem nesses contextos que se montam na educação inclusiva, e lógico, não esquecendo dos estudantes atualmente identificados no Brasil como público-alvo da Educação Especial. Para isso, é fundamental desenvolvermos estudos específicos e que valorizem o tópico da diversidade humana de forma reflexiva e integrada com os atuais paradigmas em discussão no panorama de estudos global. Tal consideração se ampara com a formação crescente de grupos de professores e pesquisadores constituídos de forma inter/multidisciplinar, e que investigam os processos inclusivos nas diferentes áreas da educação escolar.

Referências

Abar, A. A. P. C.; Almeida, C. B.; Dias, A. Oliveira. Trajetórias de pesquisas com professores da escola básica analisadas pelo olhar da gênese documental. *Educação Matemática Pesquisa*, v. 23, n. 3, 2021.

Aguiar, M.; Ponte, J.P.; Ribeiro, A.J. Conhecimento matemático e didático de professores da escola básica acerca de padrões e regularidades em um processo formativo ancorado na prática. *Bolema*, Rio Claro, v. 35, n. 70, p. 794-814, ago. 2021.

Ainscow, M. Promoting inclusion and equity in education: lessons from international experiences, *Nordic Journal of Studies in Educational Policy*, v. 6, n. 1, p. 7-16, 2020.

Andrezzo, K. L. *Um estudo do uso de padrões figurativos na aprendizagem de álgebra por alunos sem acuidade visual*. 230 f. Dissertação (Mestrado em Educação Matemática) - Pontifícia Universidade Católica de São Paulo, São Paulo, 2005.

Ashcraft, M. H.; Kirk, E. P. The relationships among working memory, math anxiety, and performance. *Journal of Experimental Psychology*: General, v. 130, p.224-237, 2001.

Ashcraft, M. H.; Krause, J. A.; Hopko, D. R. Is math anxiety a mathematical learning disability? In: BERCH, D. B.; MAZZOCO, M. M. M. (Eds.). *Why is math so hard for some children?* The nature and origins of mathematical learning difficulties and disabilities, p. 329–348. Paul H Brookes Publishing, 2007.

Ashcraft, M. H.; Moore, A. M. Mathematics Anxiety, and the Affective Drop in Performance. *Journal of Psychoeducational Assessment*, 27, abr., 2009.

Askew, M. Diversity, inclusion and equity in mathematics classrooms: from individual problems to collective possibility. *In*: Bishop, J.; Tan, H.; Barkatsas, T. N. (Eds.). *Diversity in mathematics education*: towards inclusive practices. Cham, Suíça: Springer, 2015. p. 129-146

Bacich, L.; Moran, J. *Metodologias ativas para uma educação inovadora*: uma abordagem teórico-prática. Porto Alegre: Penso, 2018.

Bacich, L.; Neto, A. T.; Trevisani, F. M. *Ensino híbrido*: personalização e tecnologia na educação. Porto Alegre: Penso, 2015.

Ball, D.; Thames, M. H.; Phelps, G. Content knowledge for teaching: What makes it special? *Journal of Teacher Education*, v. 59, n. 5, p. 389-407, 2008.

Becker, F.; Karkow, H. A. Uso da ferramenta Kodular no ensino de matemática para a educação básica. *Saber Humano*, v. 10, n. 17, p. 104-123, 2020.

Bikner-Ahsbahs, A.; Vohns, A.; Bruder, R.; Schmitt, O.; Dörfler, W. *Theories in and of mathematics education*: theory strands in german speaking countries. *ICME-13 Topical Surveys*. Cham, Suíça: Springer, 2016.

Bishop, A. J.; Kalogeropoulos, P. (Dis)engagement and exclusion in mathematics classrooms – values, labelling and stereotyping. *In*: Bishop, J.; Tan, H. Barkatsas, T. N. (Eds.). *Diversity in mathematics education*: towards inclusive practices. Cham, Suíça: Springer, 2015. p. 193-218.

Borba, M. C.; Malheiros, A. P. S.; Amaral, R. B. *Educação a distância online*. 3. ed. Belo Horizonte: Autêntica, 2020.

Brasil. *Decreto nº 3.956, de 8 de outubro de 2001*. Promulga a convenção interamericana para a eliminação de todas as formas de discriminação contra as pessoas portadoras de deficiência. Brasília, DF: Presidência da República, 2001.

Brasil. *Lei nº 9.394 de 20 de dezembro de 1996*. Estabelece as diretrizes e bases da educação. Brasília, DF: Presidência da República, 1996.

Brasil. *Lei nº 10.098, de 19 de dezembro de 2000*. Estabelece normas gerais e critérios básicos para a promoção da acessibilidade das pessoas portadoras de deficiência ou com mobilidade reduzida, e dá outras providências. Brasília, DF: Presidência da República, 2000.

Brasil. *Lei nº 10.172, de 9 de janeiro de 2001*. Aprova o Plano Nacional de Educação e dá outras providências. Brasília, DF: Presidência da República, 2001.

Brasil. *Lei nº 10.436, de 24 de abril de 2002*. Dispõe sobre a Língua Brasileira de Sinais – Libras e dá outras providências. Brasília, DF: Presidência da República, 2002.

Brasil. *Lei nº 10.639, de 9 de janeiro de 2003*. Altera a Lei n. 9.394, de 20 de dezembro de 1996, que estabelece as diretrizes e bases da educação nacional, para incluir no currículo oficial da rede de ensino a obrigatoriedade da temática 'História e Cultura Afro-Brasileira', e dá outras providências. Brasília, DF: Presidência da República, 2003.

Brasil. *Lei nº 12.796, de 4 de abril de 2013*. Altera a Lei nº 9.394, de 20 de dezembro de 1996, que estabelece as diretrizes e bases da educação nacional, para dispor sobre a formação dos profissionais da educação e dar outras providências. Brasília, DF: Presidência da República, 2013.

Referências

Brasil. Ministério da Educação. *Base Nacional Comum Curricular.* Brasília, DF: Ministério da Educação, 2017.

Brasil. Ministério da Educação. *Plano nacional de educação em direitos humanos.* Brasília, DF: SEDH, MEC, MJ, UNESCO. 2007.

Brasil. Ministério da Educação. *Política nacional de educação especial na perspectiva da educação inclusiva.* Brasília, DF: Ministério da Educação, 07 jan. 2008.

Brasil. Ministério da Educação. *Portaria MEC nº 2678, de 24 de setembro de 2002.* Aprova o projeto da Grafia Braille para a Língua Portuguesa e recomenda o seu uso em todo o território nacional. Brasília, DF: Ministério da Educação, 24 set. 2002.

Brasil. Ministério da Educação. *Nota técnica MEC/SECADI/DPEE n. 24, de 21 de março de 2013.* Orientação aos sistemas de ensino para a implementação da Lei n. 12.764/2012. Brasília, DF: Ministério da Educação, 21 mar. 2013.

Brasil. Ministério da Educação. *Resolução CNE/CP n. 2, de 22 de dezembro de 2017.* Institui e orienta a implantação da Base Nacional Comum Curricular, a ser respeitada obrigatoriamente ao longo das etapas e respectivas modalidades no âmbito da educação básica. Brasília, DF: Ministério da Educação, 22 dez. 2017.

Brasil. Ministério da Educação. *Resolução n. 8, de 20 de novembro de 2012.* Define diretrizes curriculares nacionais para a educação escolar quilombola na educação básica. Brasília: DF: Ministério da Educação, 20 nov. 2012.

Breitenbach, F. V.; Honnef, C.; Costas, F. A. T. Educação inclusiva: as implicações das traduções e das interpretações da declaração de Salamanca no Brasil. *Ensaio: Avaliação e Políticas Públicas em Educação*, v. 24, n. 91, p. 359-379, 2016.

Campos, A. M. A.; Viana, E. A.; Manrique, A. L. Una investigación con enfoque en las relaciones entre los transtornos y la ansiedad matemática. *In*: Congreso Internacional sobre Enseñanza de las Matemáticas, 10., 2020, Lima. *Actas do* […]. Lima: Pontificia Universidad Católica del Perú, 2020. p. 231-239.

Campos, A. M. A; Manrique, A. L. (2021). Ansiedade Matemática. *Rev. Prod. Disc. Educ. Matem.*, São Paulo, v.11, n.2, p.52-63, 2022.

Campos, A. M. A. *Ansiedade matemática vista pelas lentes de professores que ensinam matemática.* Tese (Doutorado em Educação Matemática) - Programa de Estudos Pós-Graduados em Educação Matemática da Pontifícia Universidade Católica de São Paulo, São Paulo, 2023.

Capellini, V. L. M. F.; Rodrigues, O. M. P. Concepções de professores acerca dos fatores que dificultam o processo da educação inclusiva. *Educação*, v. 32, n. 3, p. 355-364, 2009.

Cardoso, E. R. *Afetividade, gênero e escola*: um estudo sobre a exclusão de meninos no sexto ano do ensino fundamental, com enfoque na disciplina de matemática. 225 f. Tese (Doutorado em Educação para a Ciência e a Matemática) - Universidade Estadual de Maringá, 2015.

Cenci, A. Ética na docência. *In*: ANPED. *Ética e pesquisa em educação*: subsídio. Volume 3. Rio de Janeiro: ANPEd, 2023. p. 135-143.

Charczuk, S. B. Sustentar a transferência no ensino remoto: docência em tempos de pandemia. *Educação & Realidade*, v. 45, n. 4, p. 1-20, 2020.

Ciftci, S. K. The effect of mathematics teacher candidates' locus of control on math anxiety: structural equation modeling. *European Journal of Education Studies*, v. 5, n. 10, p. 148-160, 2019.

Cioruta, B.; Coman, M.; Cioruta, A. Using app inventor as tool for creating mathematics applications for mobile devices with Android OS. *Asian Journal of Research in Computer Science*, v. 2, n. 2, p. 1-11, 2018.

Clark-Wilson, A.; Robutti, O.; Thomas, M. Teaching with digital technology. *ZDM Mathematics Education*, v. 52, p. 1223-1242, 2020.

Costa, M.P.R. Iniciação à matemática para o aluno portador de deficiência mental: treinamento dos conceitos básicos. *In*: Encontro Nacional De Educação Matemática, 3., 1990, Natal. *Anais* [...]. Natal: UFRN, 1990. p. 89.

Cruz, J. E. S.; Viana, E. A.; Manrique, A. L.; Borges, F. A. O processo de inclusão de estudantes com diferentes transtornos e a fronteira gerada pelos diagnósticos: o que dizem os estudos na área da educação matemática? *Revista de Educação Matemática*, v. 17, p. 1-21, 2020.

Cunha, A. G. *Dicionário etimológico da língua portuguesa*. 4. ed. rev. atual. Rio de Janeiro: Lexikon, 2012.

Çatlioğlu, H.; Gürbüz, R.; Birgin, O. Do pre-service elementary school teachers still have mathematics anxiety? Some factors and correlates. *Bolema*, v. 28, n. 48, p. 110-127, abr. 2014.

Davies, L.; Bentrovato, D. Understanding Educat'on's Role in Fragility; Synthesis of Four Situational Analyses of Education and Fragility: Afghanistan, Bosnia and

Herzegovina, Cambodia, Liberia. *International Institute for Educational Planning*, 2011.

Delisio, L. A.; Dieker, L. Avatars for Inclusion: Innovative mathematical approaches for students with autism. *Childhood Education*, v. 95, n. 3, p. 72-79, 2019.

Donini, R.; Micheletto, N. Efeitos de valores numéricos menores e maiores sobre o desempenho em atividades matemáticas elementares. *Temas em Psicologia*, v. 23, n. 1, p. 175-196, 2015.

Drago, R.; Gabriel, E. A pessoa com deficiência e a educação especial no Brasil nos últimos 200 anos: sujeitos, conceitos e interpretações. *Revista Educação Especial*, v. 36, p. 1-20, 2023.

Egido, S. V.; Andreetti, T. C.; Santos, L. M. Tecnologia educacional na sala de aula de matemática em uma turma com um aluno com TEA. *In*: Colóquio Luso-Brasileiro de Educação, 4., 2018, Braga e Paredes de Coura. *Anais* [...]. Braga: UDESC, UMINHO, UFPA, 2018. p. 1-12.

Elias, A. P. A. J.; Rocha, F. S. M.; Motta, M. S. Construção de aplicativos para aulas de matemática no ensino médio. *In*: Congresso Internacional de Ensino da Matemática, 7., 2017, Canoas. *Anais* [...]. Canoas: Ulbra, 2017. p. 1-15.

Engelbrecht, J.; Llinares, S.; Borba, M. C. Transformation of the mathematics classroom with the internet. *Special issue of ZDM Mathematics Education "Online mathematics education and e-learning". ZDM Mathematics Education*. v. 52, n. 5, p. 825-841, 2020.

Faustino, A. C.; Moura, A. Q.; Silva, G. H. G.; Muzinatti, J. L.; Skovsmose, O. Macroinclusão e microexclusão no contexto educacional. *Revista Eletrônica de Educação*, v. 12, n. 3, p. 898-911, 2018.

Favero, D. C. B. P.; Manrique, A. L. A abordagem do pensamento algébrico da Base Nacional Comum Curricular (BNCC) nos Anos Iniciais do Ensino Fundamental. *REVEMAT*, v. 16, p. 1-17, 2021a.

Favero, D. C. B. P.; Manrique, A. L. Mudanças geradas pela Base Nacional Comum Curricular (BNCC) em uma Coleção de Livros Didáticos para o Ciclo da Alfabetização na Abordagem do Pensamento Algébrico. *Revista Paranaense de Educação Matemática*, v. 10, p. 64-86, 2021b.

Ferreira, G. L. *O design colaborativo de uma ferramenta para representação de gráfico por aprendizes sem acuidade visual*. 104 f. Dissertação (Mestrado em Educação Matemática) - Pontifícia Universidade Católica de São Paulo, 2006.

Ferreira, M. A. H.; Manrique, A. L. Desenvolvimento de Aplicativos para o Ensino de Álgebra na Perspectiva Inclusiva. *In*: Encontro Paulista de Educação Matemática, 14., 2020, São Paulo. *Anais*[...]. São Paulo: SBEM Paulista, 2020. p. 933-940.

Ferreira, M. A. H.; Viana, E. A.; Manrique, A. L. Reflexões sobre o autismo na formação do professor que ensina matemática. *In*: Paim, R. O.; Ziesmann, C. I.; Pierozan, S. H.; Lepke, S. (Orgs.). *Educação especial e inclusiva e(m) áreas do conhecimento*. Curitiba: CRV, 2019. p. 51-66.

Fundação Carlos Chagas, Fundação Lemann, Fundação Roberto Marinho, Instituto Península, Itaú Social. *Retratos da Educação na Pandemia* – um olhar sobre múltiplas desigualdades. São Paulo: Conhecimento Social, 2020.

Gaertner, R. Crianças superdotadas e a matemática. *In*: Encontro Nacional de Educação Matemática, 4., 1992, Blumenau. *Anais* [...]. Blumenau: [s.n.], 1995. p. 132.

Ganley, C. M.; Schoen, R. C.; Lavenia, M.; Tazaz, A. M. Construct validation of the math anxiety scale for teachers. *Aera Open*, v. 5, n.1, p. 1–16, 2019.

Garcia-González, M. S.; Martínez-Sierra, G. Diego: una história de superación de ansiedad matemática en professores. In: RODRIGUEZ-MUÑIZ, L. J.; MUÑIZ-RODRIGUES, L.; AGUILAR-GONZÁLEZ, A.; ALONSO, P.; GARCIA, F. J. G.; BRUNO, A. *Investigación en matemática* XXII, Gijón: SEIEM, p. 221-230, 2018.

Garrett, J. J. *The Elements of User Experience*: User-Centered Design for the Web and Beyond. Berkeley, Estados Unidos: New Riders, 2011.

Gatti, B. A. Possível reconfiguração dos modelos educacionais pós-pandemia. *Estudos Avançados*, v. 34, n. 100, p. 29-41, 2020.

Gatti, B. A.; Barreto, E. S. S.; André, M. E. D. A.; Almeida, P. A. *Professores do Brasil:* novos cenários de formação. Brasília: UNESCO, 2019.

Geller, M.; Colling, A. P. S.; Sganzerla, M. A. R.; Rodrigues, R. S. A compreensão dos números: inquietações de professores que ensinam matemática a alunos com deficiência. *Educação Matemática em Revista – RS*, v. 3, n. 18, p. 31-41, 2017.

Gil, K. H. *Reflexões sobre as dificuldades dos alunos na aprendizagem de álgebra*. 120 f. Dissertação (Mestrado em Educação em Ciências e Matemática) – Pontifícia Universidade Católica do Rio Grande do Sul, Porto Alegre, 2008.

Giordano, C. C.; Silva, D. S. C. Metodologias ativas em educação matemática: a abordagem por meio de projetos na educação estatística. *Revista de Produção Discente em Educação Matemática*, v. 6, n. 2, p. 78-89, 2017.

Good, J. Learners at the wheel: novice programming environments come of age. *International Journal of People-Oriented Programming*, v. 1, n. 1, p. 1-24, 2011.

Guse, H. B.; Esquincalha, A. C. A matemática como um instrument de poder e proteção nas memórias escolares de professoras e professores LGBTI+ de matemática. *Perspectivas da Educação Matemática*, v. 15, n. 38, p. 1-21, 2022.

Gökçe, S.; Yenmez, A. A.; Özpinar, I. An analysis of mathematics educations students' skills in the processo f programming and their practices of integrating it into their teaching. *International Education Studies*, v. 10, n. 8, p. 60-76, 2017.

Hembree, R. The nature, effect, and relief of mathematics anxiety. *Journal for Research in Mathematics Education*, v. 21, p. 33-46, 1990.

Herro, D.; McCune-Gardner, C.; Boyer, D. M. Perceptions of coding with MIT App Inventor: pathways for their future. *Journal for Computing Teachers*, p. 30-40, 2015.

Higuchi, A. S. *Tecnologias móveis na educação*: um estudo de caso em uma escola da rede pública do estado de São Paulo. 118 f. Dissertação (Mestrado em Educação, Arte e História da Cultura) - Universidade Presbiteriana Mackenzie, São Paulo, 2011.

Hodges, C.; Moore, S.; Lockee, T. T.; Bond, A. The difference between emergency remote teaching and online learning. *EDUCAUSE Review*. Louisville, CO, 2020.

Hoover, M.; Mosvold, R.; Ball, D. L.; Yvonne, L. Making Progress on Mathematical Knowledge for Teaching, *The Mathematics Enthusiast*, v. 13, n. 1, article 3, 2016.

Hunt, T. E.; Sari, M. H. An English Version of the Mathematics Teaching Anxiety Scale. In: *International Journal of Assessment Tools in Education*, v. 6, n. 3, p. 436-443, 2019.

Jacques, L. A. *Using app inventor to explore low-achieving student's understanding of fractions*. 196 p. Tese (Doutorado em *Learning Science*) - Clemson University, Carolina do Sul, Estados Unidos, 2017.

João, P.; Nuno, D.; Fábio, S. F.; Ana, P. A cross-analysis of block-based and visual programming apps with computer science student-teachers. *Education Sciences*, v. 9, n. 3, p. 1-19, 2019.

John, P. D. Lesson planning and the student teacher: re-thinking the dominant model. *Journal of Curriculum Studies*, v. 38, p. 483-498. 2007.

König, J.; Blömeke, S.; Paine, L.; Schidt, B.; Hsieh, F. J. General pedagogical knowledge of future middle school teachers. On the complex ecology of teacher education in the

United States, Germany, and Taiwan. *Journal of Teacher Education*, v. 62, n. 2, p. 188-201. 2011.

König, J.; Bremerich-Vos, A.; Buchholtz, C.; Glutsch, N. General pedagogical knowledge, pedagogical adaptivity in written lesson plans, and instructional practice among preservice teachers. *Journal of Curriculum Studies*, v. 52, n. 6, p. 800-822. 2020.

Kukulska-Hulme, A.; Traxler, J. Mobile teaching and learning. *In*: Kukulska-Hulme, A.; Traxler, J. (Eds.). *Mobile learning*: a handbook for educators and trainers. Nova York: Taylor & Francis, 2005.

Leme, R.; Francisco, R.; Manzini, V. L. A. Trabalho interdisciplinar no ensino da matemática pré-escolar para crianças deficientes auditivas. *In*: Encontro Paulista de Educação Matemática, 2., 1991, São Paulo. *Anais* [...]. São Paulo: FEUSP, 1991. p. 181-182.

Lima, C. A. R.; Manrique, A. L. Processo de formação de professores que ensinam matemática: práticas inclusivas. *Nuances: estudos sobre Educação*, Presidente Prudente, v. 28, n. 3, p. 262-286, 2017.

Lirio, S. B. *A tecnologia informática como auxílio no ensino de geometria para deficientes visuais*. 115 f. Dissertação (Mestrado em Educação Matemática) - Instituto de Geociências e Ciências Exatas, Universidade Estadual Paulista, 2006.

Luiz, E. A. J. *Conceitos lógicos matemáticos e sistema tutorial inteligente*: uma experiência com pessoas com síndrome de down. 153 f. Dissertação (Mestrado em Ensino de Ciências e Matemática) - Universidade Luterana do Brasil, 2008.

Magalhães, P. D. *Desenvolvimento profissional de professores que ensinam matemática*: o método estudo e planejamento de lições nos contextos de escola e de ensino. 2008. Dissertação (Mestrado em Ensino de Ciências e Matemática) – Pontifícia Universidade Católica de Minas Gerais, Belo Horizonte, 2008.

Mailizar, A.; Maulina, S.; Bruce, S. Secondary School Mathematics Teachers' Views on E-learning Implementation Barriers during the COVID-19 Pandemic: The Case of Indonesia. *Journal of Mathematics, Science and Technology Education*, v. 16, n. 7, p. 1-9, 2020.

Manrique, A. L.; Viana, E. A.; Borges, F. A.; Nogueira, C. M. I.; Esquincalha, A. C.; Segadas-Viana, C.; Thiengo, E. R.; Jesus, T. B. Discutindo práticas matemáticas inclusivas nos anos iniciais através de um curso online. *Educação Matemática em Revista*, Brasília, v. 27, n. 75, p. 58-71, 2022a.

Manrique, A. L., Viana, E. A. *Educação Matemática e Educação Especial*: diálogos e contribuições. Coleção Tendências em Educação Matemática. Belo Horizonte: Editora Autêntica, 2021. 2021.

Manrique, A. L.; Viana, E. A. Reflexões sobre uma formação de professores com uma perspectiva inclusiva. *Com a Palavra o Professor*, v. 7, n. 17, p. 165-184, 2022.

Manrique, A. L.; Viana, E. A.; Borges, F. A.; Nogueira, C. M. I.; Esquincalha, A. C.; Segadas-Viana, C.; Thiengo, E. R.; Jesus, T. B. O interesse de professores por um ensino de matemática inclusivo: uma discussão a partir de um curso online. *RIPEM: International Journal for Research in Mathematics Education*, v. 12, n. 3, p. 37-54, 2022b.

Marcelly, L. *As histórias em quadrinhos adaptadas como recurso para ensinar matemática para alunos cegos e videntes*. 141 f. Dissertação (Mestrado em Educação Matemática) – Instituto de Geociências e Ciências Exatas, Universidade Estadual Paulista, 2010.

Marques, P. P. M. R.; Carvalho, T. R. S.; Esquincalha, A. C. Impactos da Pandemia de COVID-19 na Rotina Profissional de Professores que Ensinam Matemática: Alguns Aspectos de Precarização do Trabalho Docente. *RIPEM*, v. 11, n.3, p. 19-40, 2021.

Masciano, C. F. R. *O uso de jogos do software educativo Hércules e Jiló no mundo da matemática na construção do conceito de número por estudantes com deficiência intelectual*. 179 f. Dissertação (Mestrado em Educação) – Faculdade de Educação, Universidade de Brasília, 2015.

Messiou, K.; Ainscow, M. Inclusive inquiry: Student-teacher dialogue as a means of promoting inclusion in schools. *British Educational Research Journal*, v. 46, n. 3, p. 1-20, 2020.

Miarka, A, R.; Maltempi, M. V. O que será da Educação Matemática depois do Coronavírus. *Bolema*, 34, v. 67, ago. 2020.

Mulenga, E. M.; Marbán, J. M. Is COVID-19 the Gateway for Digital Learning in Mathematics Education? *Contemporary Educational Technology*, v. 12, n. 2, p. 1-11, 2020.

Muñoz, R. C.; Barbero, F. L.; Gómez, J. L. C. Necessidades socio-educativas de las personas com transtorno del espectro autista en Iberoamérica. *Revista Iberoamericana de Educación*, v. 52, n. 6, p. 1-10, 2010.

Mutton, T.; Hagger, H.; Burn, K. Learning to plan, planning to learn: the developing expertise of beginning teachers. *Teachers and Teaching*, v. 17, n. 4, p. 399-416. 2011.

Nascimento, A. G. C.; Luna, J. M. O.; Esquincalha, A. C.; Santos, R. G. C. Educação Matemática para estudantes autistas: conteúdos e recursos mais explorados na literatura de pesquisa. *Boletim GEPEM*, n. 76, 2020, p. 63-78.

Nascimento, I. C. Q. S. *Introduções ao sistema de numeração decimal a partir de um software livre*: um olhar sócio-histórico sobre os fatores que permeiam o envolvimento e a aprendizagem da criança com TEA. 155 p. Dissertação (Mestrado em Docência em Educação em Ciências e Matemática) – Universidade Federal do Pará, 2017.

Neves, O. *Dicionário de origem das palavras*. Alfragide, Portugal: Oficina do Livro, 2012.

Nogueira, C. M. I; Rosa, F. M. C.; Esquincalha, A. C.; Borges, F. A.; Segadas-Vianna, C. Um panorama das pesquisas brasileiras em educação matemática inclusiva: a constituição e atuação do GT13 da SBEM. *Educação Matemática em Revista*, Brasília, v. 24, n. 64, p. 4-15, 2019.

Oliveira, A. R. P.; Munster, M. A.; Gonçalves, A. G. Desenho Universal para Aprendizagem e Educação Inclusiva: uma Revisão Sistemática da Literatura Internacional. *Revista Brasileira de Educação Especial*, v. 25, n. 4, p. 675-690, 2019.

Oliveira, J. C. G. O ensino de matemática para deficientes auditivos. *In*: Encontro Paulista de Educação Matemática, 2., 1991, São Paulo. *Anais* […]. São Paulo: FEUSP, 1991. p. 182.

Oliveira, J. C. G. *Uma proposta alternativa para a pré-alfabetização matemática de crianças portadoras de deficiência auditiva*. 1993. 84f. Dissertação (Mestrado em Educação Matemática) – Instituto de Geociências e Ciências Exatas, Universidade Estadual Paulista, 1993

Orrú, S. E.; Nápoles, R. A. L. El peligro de la sobrevaloración del diagnóstico para la vida educacional de niños con autismo. *EDUCERE: Artículos Arbitrados*, ano 19, n. 63, p. 353-362, 2015.

Ortega, F. Deficiência, autismo e neurodiversidade. *Ciência e Saúde Coletiva*, v. 14, n. 1, p. 67-77, 2009.

Ortega, F. O sujeito cerebral e o movimento da neurodiversidade. *Mana*, v. 14, n. 2, p. 477-509, 2008.

Paula, E. O uso do soroban na escola. *In*: Encontro Paulista de Educação Matemática, 1., 1989, São Paulo. *Anais* […]. Campinas: PUCCAMP, 1989. p. 311.

Penteado, M. G.; Marcone, R. Inclusive mathematics education in Brazil. *In*: Kollosche, D.; Marcone, R.; Knigge, M.; Penteado, M. G.; Skovsmose, O. (Eds.). *Inclusive mathematics education*: state-of-the-Art research from Brazil and Germany. Cham, Suíça: Springer, 2019. p. 7-12.

Pereira, R.A.; Rezende, J.F.; Barbosa, P.M. Metodologias de ensino de geometria e aritmética para deficientes visuais. *In*: Encontro Nacional de Educação Matemática, 5., 1995, Aracaju. *Anais* [...]. Aracaju: SBEM/SE, UFS, 1998. p. 223-224.

Perrenoud, P. *Avaliação*: da excelência à regulação das aprendizagens - entre duas lógicas. Porto Alegre. Artes Médicas, 2008.

Pinheiro, B. R. M. *Uma abordagem da álgebra dentro do currículo do ensino fundamental*: mudanças e proposta para sala de aula. 42 f. Dissertação (Mestrado em Matemática) – Departamento de Ciências Exatas e Naturais, Universidade Federal Rural do Semi-Árido, Mossoró, 2019.

Pokress, S. C.; Veiga, J. J. D. MIT App Inventor: enabling personal mobile computing. *Computers and Society*, v. 1, p. 1-3, 2013.

Ponte, J. P.; Quaresma, M.; Mata-Pereira, J.; Baptista, M. O estudo de aula como processo de desenvolvimento profissional de professores de matemática. *Bolema*, Rio Claro, v. 30, n. 56, p. 868-891. dez. 2016.

Pontifícia Universidade Católica de São Paulo. *Edital PIPEXT 6902/2019, de 27 de agosto de 2019*. Plano de Incentivo a Projetos de Extensão – PIPEXT. São Paulo: Reitoria da PUC-SP/Assessoria de Pesquisa, 2019.

Pontifícia Universidade Católica de São Paulo. *Edital PIPEXT 8702/2020, de 9 de setembro de 2020*. Plano de Incentivo a Projetos de Extensão – PIPEXT. São Paulo: Reitoria da PUC-SP/Assessoria de Pesquisa, 2020.

Prabowo, A.; Rahmawati, U.; Anggoro, R. P. Android-based teaching material for statistics integrated with social media whatsapp. *International Journal on Emerging Mathematics Education*, v. 3, n. 1, p. 93-104, 2019.

Praça, E. T. P. O. *Uma reflexão acerca da inclusão de aluno autista no ensino regular*. 140f. Dissertação (Mestrado Profissional em Educação Matemática) - Instituto de Ciências Exatas, Universidade Federal de Juiz de Fora, 2011.

Radabaugh, M. P. NIDRR's Long Range Plan - Technology for Access and Function Research. 1993.

Radford, L. La résolution de problèmes : comprendre puis résoudre ? *Bulletin AMQ*, v. 36, n. 3, p. 19-30, 1996.

Radford, L. Algebraic thinking from a cultural semiotic perspective. *Research in Mathematics Education*. v. 12, n. 1, p. 1-19, 2010.

Radford, L. Towards an embodied, cultural, and material conception of mathematics cognition. *ZDM Mathematics Education*, v. 46, p. 349-361, 2014.

Radford, L. Algunos desafíos encontrados en la elaboración de la teoría de la objetivación. *PNA*, v. 12, n. 2, p. 61-80, 2018a.

Radford, L. Saber, aprendizaje y subjetivación en la Teoría de la Objetivación. *In*: Simpósio Internacional de Pesquisa em Educação Matemática, 5., 2018, Belém. *Anais* [...]. p. 1-22.

Radford, L. The Emergence of Symbolic Algebraic Thinking in Primary School. *In*: Kieran, C. (Ed.). *Teaching and learning algebraic thinking with 5- to 12-year-olds*: The global evolution of an emerging field of research and practice. Nova York: Springer, 2018c. p. 3-25.

Radford, L. Aspectos conceituais e práticos da teoria da objetivação. *In*: Moretti, V.; Radford, L. (Orgs.). *Pensamento algébrico nos anos iniciais*: diálogos e complementaridades entre a teoria da objetivação e a teoria histórico-cultural. 1.ed. São Paulo: Livraria da Física, 2021. p. 35-56.

Ribeiro, A. J.; Cury, H. N. *Álgebra para a formação do professor*: explorando os conceitos de equação e de função. 1. ed. São Paulo: Autêntica, 2015.

Ribeiro, T. Uma carta sobre inclusão ... (ou sobre algumas palavras titubeantes em torno de uma pedagogia nas diferenças). *In*: Encontro Nacional de Didática e Prática de Ensino, 20., 2020, Rio de Janeiro. *Anais* [...]. Rio de Janeiro: UFRJ, 2020. p. 457-463.

Rief, S. F.; Heimburge, J.A. *Como ensinar todos os alunos na sala de aula inclusiva*. Porto, Portugal: Porto Editora, 2000.

Roldão, M. C. Formar para a excelência profissional: pressupostos e rupturas nos níveis iniciais da docência. *Educação & Linguagem*, v. 10, n. 15, p. 18-42, 2007.

Rosa, M. Teoria queer, números binários e educação matemática: estranhando a matemática em prol de uma héxis política. *Educação Matemática em Revista – RS*, v. 2, n. 22, p. 70-87, 2021.

Rose, D.; Meyer, A.; Strangman, N.; Rappolt, G. Teaching Every Student in the Digital Age: Universal Design for Learning. *Association for Supervision and Curriculum Development*, Alexandria, VA, 2002.

Sales, E. R. *Refletir no silêncio*: um estudo das aprendizagens na resolução de problemas aditivos com alunos surdos e pesquisadores ouvintes. 162 f. Dissertação (Mestrado em Educação em Ciências e Matemáticas) - Universidade Federal do Pará, 2008.

Santos, B. S. *A cruel pedagogia do vírus*. Coimbra, Portugal: Edições Almedina, 2020.

Santos, M. A.; Almouloud, S. A. Programa Teoria da Educação Matemática (TEM) de Hans-Georg Steiner: aspectos filosóficos e epistemológicos. *Educação Matemática Pesquisa*, v. 24, n. 2, p. 647-681, 2022.

Santos, R. S. *Levantamento de subsídios para os professores do ciclo I desenvolverem práticas pedagógicas no ensino da matemática com alunos com deficiência nas escolas públicas*. 101 f. Dissertação (Mestrado em Ensino da Matemática) - Pontifícia Universidade Católica de São Paulo, 2013.

Santos, S. S.; Hernandez, A. R. C.; Peres, A. G. L. Educação inclusiva: dificuldades entre discurso e prática no cotidiano das escolas. *Revista Entreideias: educação, cultura e sociedade*, v. 4, n. 1, p. 201-217, 2015.

Silva, S. C. R.; Mamcasz-Viginheski, L. V.; Shimazaki, E. M. La inclusión en la formación inicial de profesores de matemáticas. *Acta Scientiarum*, v. 40, n. 3, 2018, p. 1-12.

Sintema, E. J. Effect of COVID-19 on the Performance of Grade 12 Students: Implications for STEM Education. *Journal of Mathematics, Science and Technology Education*, v. 16, n. 7, p. 1-6, 2020.

Sociedade Brasileira de Educação Matemática. *Edital SBEM-DNE 01/2020, de 11 de maio de 2020*. Formação continuada em serviço para professores da educação infantil e dos anos iniciais do ensino fundamental: Programa – SBEM – FormAção. Brasília: Diretoria Nacional Executiva – SBEM, 2020.

Souza, A. C. *O uso de tecnologias digitais educacionais para o favorecimento da aprendizagem matemática e inclusão de estudantes com transtorno do espectro autista em anos iniciais de escolarização*. 162 f. Dissertação (Mestrado em Educação) – Universidade Federal de Alfenas, 2019.

Souza, A. C.; Silva, G. H. G. Incluir não é apenas socializar: as contribuições das tecnologias digitais educacionais para a aprendizagem matemática de estudantes com transtornos do espectro autista. *Bolema*, Rio Claro, v. 33, n. 65, p. 1305-1330, 2019.

Souza, A. P. G.; Passos, C. L. B. Dialogando sobre o planejamento com o SuperLogo no ensino de matemática dos anos iniciais. *Bolema*, Rio Claro, v. 29, n. 53, p. 1023-1042. dez. 2015.

Steiner, H.-G. Zur Diskussion um den Wissenschaftscharakter der Mathematikdidaktik. *Journal für Mathematik-Didaktik*, v. 3, p. 245–251, 1983.

Steiner, H.-G. (1986). Topic areas: Theory of mathematics education (TME). *In*: Carss, M. (Ed.). *Proceedings of the Fifth International Congress on Mathematical Education*. Boston, Basel, Stuttgart: Birkhäuser, 1986. p. 293-299.

Takinaga, S. S.; Manrique, A. L. Transtorno do espectro autista: contribuições para a educação matemática na perspectiva da teoria da atividade. *Revista de Educação Matemática*, São Paulo, v. 15, p. 483-502, 2018.

Torisu, E. M.; Silva, M. M. A formação do professor de matemática para a educação inclusiva: um relato de experiência no curso de matemática de uma universidade federal brasileira. *Revista Paranaense de Educação Matemática*, v. 5, n. 9, p. 270-285, 2016,

Trott, C. The neurodiverse mathematics student. In: Grove, M.; Croft, T.; Kyle, J.; Lawson, D. (Eds.). *Transitions in undergraduate mathematics education*. Birmingham: University of Birmingham, 2015. p. 209-226.

Tunes, E. Por que falamos de inclusão? *Linhas Críticas*, v. 9, n.16, p. 5-12, 2003.

UNESCO. *Manual para garantir inclusão e equidade na educação*. Brasília: Unesco, 2019.

Valencia, K.; Rusu, C.; Quiñones, D.; Jamet, E. The Impact of Technology on People with Autism Spectrum Disorder: A Systematic Literature Review. *Sensors*, v. 19, n. 20, p. 1-22, 2019.

Vesile A.; Coşguner, T.; Fidan, Y. Mathematics teaching anxiety scale: construction, reliability and validity. In: *International Journal of Assessment Tools in Education*, v. 6, n. 3, p. 506–521, 2019.

Viana, E. A. *O desenvolvimento do pensamento algébrico no âmbito da neurodiversidade*. 178 p. Tese (Doutorado em Educação Matemática) – Pontifícia Universidade Católica de São Paulo, São Paulo, 2023.

Viana, E. A.; Ferreira, M. A. H.; Campos, A. M. A.; Manrique, A. L. Criação de aplicativos na perspectiva da matemática inclusiva. *In*: Congreso Internacional sobre Enseñanza de las Matemáticas, 10., 2020, Lima. *Actas do* [...]. Lima: Pontificia Universidad Católica del Perú, 2020. p. 224-239.

Viana, E. A.; Manrique, A. L. Cenário das pesquisas sobre o autismo na educação matemática. *Educação Matemática em Revista*, v. 24, p. 252-267, 2019.

Viana, E. A.; Manrique, A. L. A neurodiversidade na formação de professores: reflexões a partir do cenário de propostas curriculares em construção no Brasil. *Boletim GEPEM*, n. 76, p. 91-106, 2020.

Viana, E. A.; Manrique, A. L. Discutindo a neurodiversidade na Educação Matemática: as novas terminologias que emergem nos estudos sobre o autismo. *Educação Matemática Pesquisa*, v. 25, n.4, p. 332-358, 2023.

Viana, E. A.; Manrique, A. L.; Boneto, C. O ensino de matemática na perspectiva inclusiva: elementos que emergem no planejamento do professor. *In*: Seminário Internacional de Pesquisa em Educação Matemática, 8., 2021. *Anais* [...]. SBEM, 2021.

Zanquetta, M. E. M. T. *A abordagem bilíngue e o desenvolvimento cognitivo dos surdos*: uma análise psicogenética. 151 f. Dissertação (Mestrado em Educação para a Ciência e o Ensino de Matemática) - Universidade Estadual de Maringá, 2006.

Impresso na Prime Graph
em papel offset 75 g/m²
fonte utilizada adobe caslon pro
março / 2024